Web前端开发系列丛书

jQuery开发指南

车云月 主编

清华大学出版社

北 京

内容简介

jQuery是Web前端及开发的专业核心技术，本书主要讲解了使用jQuery框架制作网页特效、jQuery操作DOM、表单验证、AJAX调取数据、用jQuery编写插件等。

图书在版编目（CIP）数据

jQuery开发指南/车云月主编. —北京：清华大学出版社，2018
（Web前端开发系列丛书）
ISBN 978-7-302-46731-1

Ⅰ. ①J… Ⅱ. ①车… Ⅲ. ①JAVA语言-程序设计-指南 Ⅳ. ①TP312.8-62

中国版本图书馆CIP数据核字（2017）第048640号

责任编辑：杨静华
封面设计：刘 超
版式设计：刘艳庆
责任校对：何士如
责任印制：李红英

出版发行：清华大学出版社
网 址：http://www.tup.com.cn，http://www.wqbook.com
地 址：北京清华大学学研大厦A座 邮 编：100084
社 总 机：010-62770175 邮 购：010-62786544
投稿与读者服务：010-62776969，c-service@tup.tsinghua.edu.cn
质量反馈：010-62772015，zhiliang@tup.tsinghua.edu.cn
印 装 者：北京密云胶印厂
经 销：全国新华书店
开 本：185mm×260mm 印 张：11 字 数：265千字
版 次：2018年1月第1版 印 次：2018年1月第1次印刷
印 数：1～2500
定 价：49.80元

产品编号：074037-01

编委会成员

策　划　车立民

主　编　车云月

副主编　刘　洋　李海东　张　亮　许长德　周　贤

编　审　徐　亮　王　静　才　奇　刘经纬　侯自凯　高瑛玮　赵媛媛　王红妹　郝熙菲　王　昆　杨文静　路　明　秦　迪　张　欠　邢景娟　张鑫鑫　赵　辉　滕宇凡　李　丹

本书说明

The book shows

jQuery 是继 prototype 之后又一个优秀的、轻量级的 Javascript 库，它兼容 CSS 3，还兼容各种浏览器。jQuery 使用户能更方便地处理 HTML、events、实现动画效果，方便地为网站提供 AJAX 交互，同时还有许多成熟的插件可供选择。

本书适用人群

jQuery 是 Web 前端开发的专业核心课程，要求读者具备 JavaScript 基础技术。本书适用于高校学生，也可以作为对 Web 前端开发技术感兴趣的读者的自学用书。本书在讲解过程中应用了大量真实案例，内容由浅入深、通俗易懂，能够帮助读者快速掌握 JavaScript 编程技术。

章节内容

第 1～3 章：主要讲解 jQuery 入门知识，以及 jQuery 的选择器与事件，使用 jQuery 做一些简单的特效，如 TAB 切换、焦点图轮播等。

第 4 章：使用 jQuery 操作 DOM。

第 5 章：使用 jQuery 进行表单的验证。

第 6 章：AJAX 的使用。

第 7 章：使用 jQuery 开发插件，以便于代码的重用。

第 8 章：模拟实际开发，使用 jQuery 完成企业网站页面制作。

本书最大的特点是以案例为主，在实践中学习技能点，jQuery 在 Web 前端开发中具有重要的地位，在学习过程中，要勤于思考，勤于学习，不断总结和积累经验。

在编写过程中，新迈尔（北京）科技有限公司教研中心通过岗位分析、企业调研，力求将最实用的技术呈现给读者，以达到培养技能型专业人才的目标。

本书配有相关素材与案例，学习时先阅读再尝试独立完成。虽然经过了精心的编审，但难免存在不足之处，希望读者朋友提出宝贵的意见，在使用中遇到问题可发邮件至 zhoux@itzpark.com，我们将及时回复，在此表示衷心感谢。

技术改变生活，新迈尔与您一路同行！

序 言

Preface

近年来，移动互联网、大数据、云计算、物联网、虚拟现实、机器人、无人驾驶、智能制造等新兴产业发展迅速，但国内人才培养却相对滞后，存在“基础人才多、骨干人才缺、战略人才稀、人才结构不均衡”的突出问题，严重制约着我国战略新兴产业的快速发展。同时，“重使用、轻培养”的人才观依然存在，可持续性培养机制缺乏。因此，建立战略新兴产业人才培养体系，形成可持续发展的人才生态环境刻不容缓。

中关村作为我国高科技产业中心、战略新兴产业的策源地、创新创业的高地，对全国的战略新兴产业、创新创业的发展起着引领和示范作用。基于此，作者所负责的新迈尔（北京）科技有限公司依托中关村优质资源，聚集高新技术企业的技术总监、架构师、资深工程师，共同开发了面向行业紧缺岗位的系列丛书，希望能缓解战略新兴产业需要快速发展与行业技术人才匮乏之间的矛盾，能解决企业需要专业技术人才与高校毕业生的技术水平不足之间的矛盾。

优秀的职业教育本质上是一种更直接面向企业、服务产业、促进就业的教育，是高等教育体系中与社会发展联系最密切的部分。而职业教育的核心是“教”“学”“习”的有机融合、互相驱动。要做好“教”，必须要有优质的课程和师资；要做好“学”，必须要有先进的教学和学生管理模式；要做好“习”，必须要以案例为核心，注重实践和实习。新迈尔（北京）科技有限公司通过对当前国内高等教育现状的研究，结合国内外先进的教育教学理念，形成了科学的教育产品设计理念、标准化的产品研发方法、先进的教学模式和系统性的学生管理体系，在我国职业教育正在迅速发展、教育改革日益深入的今天，新迈尔（北京）科技有限公司将不断积累和推广先进的、行之有效的人才培养经验，以推动整个职业教育的改革向纵深发展。

通过大量企业调研，目前 Web 前端架构与开发方向面临着人才供不应求的局面，很多具备该技能的工程师刚刚入职的起薪就可以达到其他行业平均工资 3～5 倍，本系列图书覆盖 UI 设计、Web 前端开发、PHP 后台开发等模块，目标是让读者能够独立开发出商业网站。

以任务为导向、通过案例教学和注重实战经验传递是本系列图书的显著特点，转变了先教知识后学应用的传统学习模式，改善了初学者对技术类课程感到枯燥和茫然的学习心态；激发学习者的学习兴趣，提高学习的成就感，建立对所学知识和技能的信心，是对传统学习模式的一次改进。

Web 前端开发系列丛书有以下特点：

- 以就业为导向：根据企业岗位需求组织教学内容，就业目的非常明确。
- 以实用技能为核心：以企业实战技术为核心，确保技能的实用性。

Note

- 以案例为主线：教材从实例出发，采用任务驱动教学模式，便于掌握，提升兴趣，从本质上提高学习效果。
- 以动手能力为合格目标：注重培养实践能力，以是否能够独立完成真实项目为检验学习效果的标准。
- 以项目经验为教学目标：以大量真实案例为教学的主要内容，完成本课程的学习后，相当于在企业完成了多个真实的项目。

信息技术的快速发展正在不断改变人们的生活方式，新迈尔（北京）科技有限公司也希望通过我们全体同仁和您的共同努力，让您真正掌握实用技术，变成复合型人才，能够实现高薪就业和技术改变命运的梦想，在助您成功的道路上让我们一路同行。

作　者

2017 年 2 月于新迈尔（北京）科技有限公司

目 录

Contents

Note

第1章 jQuery入门

本章简介

jQuery 是轻量级的 JavaScript 库，它简化了 HTML 与 JavaScript 之间的操作，使得 DOM 对象、事件处理、动画效果、CSS 3、AJAX 等操作的实现语法更加简洁，同时显著提高了程序的开发效率，消除了很多跨浏览器的兼容问题。除此之外，jQuery 还提供了 API 以便开发者编写插件，其模块化的使用方式使开发者可以很轻松地开发出功能强大的静态或者动态网页。

本章将重点讲解 jQuery 的下载、HTML 文档的建立以及 jQuery 代码的初步编写。

本章任务

认识 jQuery

本章目标

- 掌握配置 jQuery 环境的方法
- 掌握 jQuery 的基本语法
- 学会创建 jQuery 驱动的页面

预习作业

1. 简单描述 JavaScript 与 jQuery 的关系。
2. jQuery 的语法结构包括哪几部分？
3. 在 jQuery 中用于加载文档的方法是什么？

1.1 jQuery 简介

jQuery 是继 Prototype 之后又一个优秀的 JavaScript 程序库，相当于 JavaScript 技术的一个子集。目前 jQuery 团队主要包括核心库、UI、插件和 jQuery Mobile 等开发人员、推广人员、网站设计人员和维护人员，这促使 jQuery 逐步发展成为如今的集 JavaScript、CSS、DOM 和 AJAX 于一体的强大框架体系。

作为 JavaScript 的程序库，jQuery 凭借简洁的语法和跨浏览器的兼容性，极大地简化了遍历 HTML 文档、DOM 操作、事件处理、执行动画和 AJAX 数据交互的代码，从而广泛应用于 Web 应用开发，如导航菜单、轮播广告、网页换肤和表单校验等方面。jQuery 简约、雅致的代码风格，改变了 JavaScript 程序员的设计思路和编写程序的方式，可以提高前端开发的效率，但它并不能完全取代 JavaScript。

1.2 获取 jQuery

想要获取 jQuery，可以从 jQuery 的官方网站（http://jquery.com/）上下载最新版本的 jQuery 文件，具体操作如图 1.1 所示。

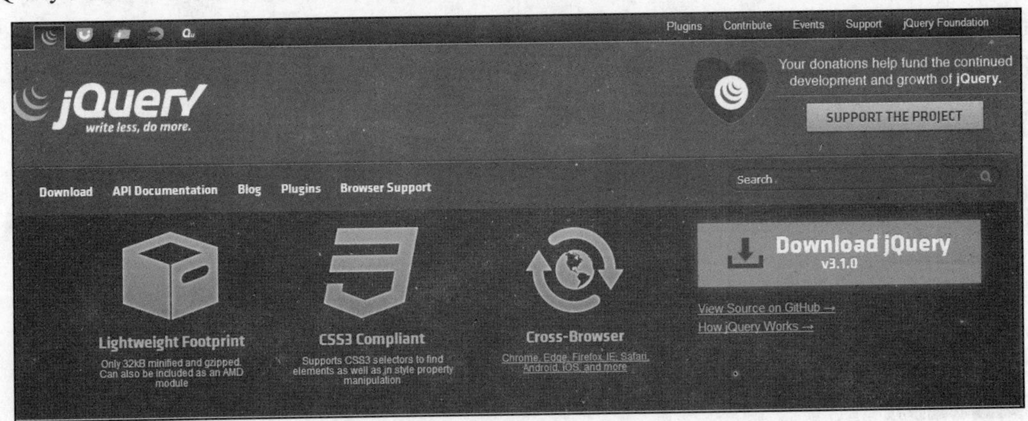

图 1.1　jQuery 官网

从图 1.1 中可以看出，单击 Download jQuery 按钮可以下载 jQuery。目前 jQuery 的版本分为 jQuery1.x 系列的经典版、jQuery2.x 系列以及 jQuery3.x 压缩版，前者保持了对早期浏览器的支持，而从 2.x 开始，不再支持 IE 6/7/8 浏览器，从而更加轻量级。

进入下载页面后，会看到 jQuery 文件的类型主要包括未压缩的开发版和压缩后的生产版。所谓压缩，指的是去掉代码中所有的缩进、换行和注释等，减少文件的体积，从而有利于网络传输，如图 1.2 所示。

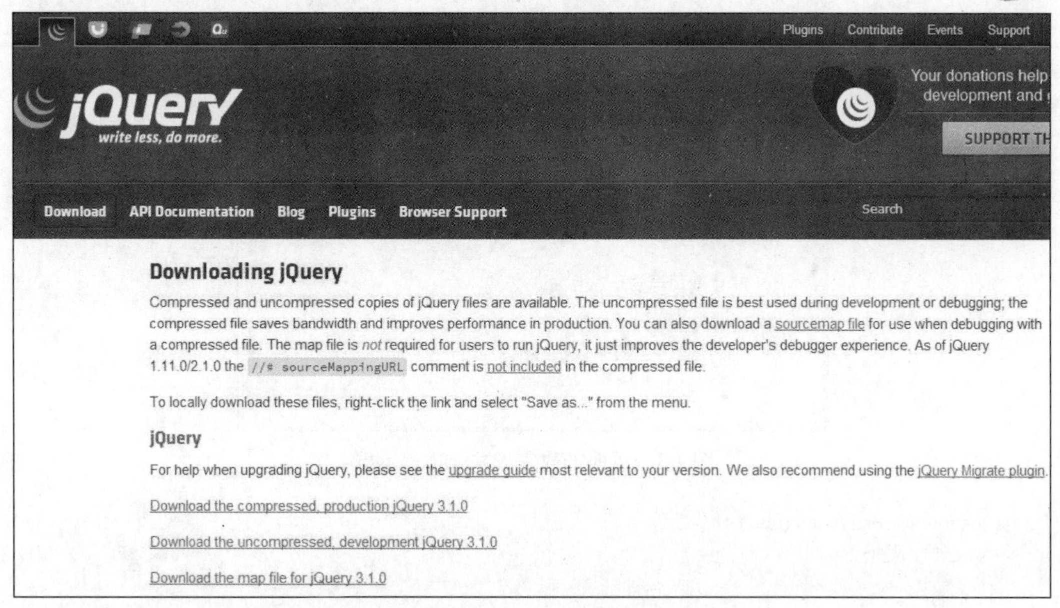

图 1.2　jQuery 下载页面

在图 1.2 中选择一个版本下载，然后在 HTML 中引入 jQuery 文件，实现对 jQuery 的部署。代码如下：

```
<!--方式一：引入本地下载的 jQuery-->
<script type="text/javascript" src="jquery.min.js"></script>
<!--方式二：通过 CDN（内容分发网络）引入 jQuery-->
<script type="text/javascript" src="http://libs.baidu.com/jquery/1.11.3/jquery.min.js"></script>
```

1.3　使用 jQuery

在引入 jQuery 类库后，就可以使用 jQuery 提供的功能。例如，页面加载完成后，弹出提示框，如示例 1 所示。

示例 1：

```
<script type="text/javascript">
    $(document).ready(function() {
        alert("hello word");
    });
</script>
```

运行结果如图 1.3 所示。

在这段代码中，$(document).ready()语句是当 DOM（文档对象模型）已经加载，并且页面（包括图像）已经完全呈现时，会发生 ready 事件。

由于该事件在文档就绪后发生，因此将所有其他的 jQuery 事件和函数置于该事件中是非常好的做法。即弹出如图 1.3 所示的提示对话框。例如下面的 jQuery 代码。

Note

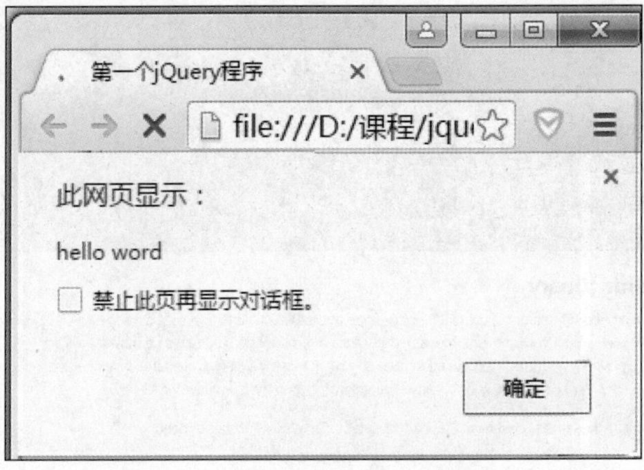

图 1.3　页面加载完成并弹出提示框

```
$(document).ready(function() {
    //执行代码
});
```

类似于如下 JavaScript 代码。

```
window.onload=function(){
    //执行代码
};
```

二者在功能实现上可以互换，但它们之间又存在一些区别，具体区别如表 1.1 所示。

表 1.1　window.onload 与$(document).ready()的对比

	window.onload	$(document).ready()
如何执行	页面包含图片等文件在内的所有元素都加载完成	文档结构已经加载完成（不包含图片等非文字媒体文件）

编写个数	同一页面不能同时编写多个执行以下代码：
	window.onload=function(){
	    alert("hello word");
	}
	window.onload=function(){
	    alert("hello word");
	}
	结果只会输出一次“hello word”
		同一页面能同时编写多个执行以下代码：
		$(document).ready(function(){
		    alert("hello word");
		});
		$(document).ready(function(){
		    alert("hello word");
		});
		结果是输出两次“hello word”

简写	无	$(function(){
		    //执行代码
		});

1.4 语法结构

通过“$(document).ready();”可以发现，这条 jQuery 语句主要包含 3 大部分：$()、document 和 ready()，分别被称为工厂函数、选择器和方法。

1.4.1 工厂函数$()

所谓工厂函数，就是指这些内建函数都是类对象。当调用它们时，实际上是创建了一个类实例，意思是当调用这个函数，实际上是先利用类创建了一个对象，然后返回这个对象。由于 JavaScript 本身不是严格的面向对象的语言（不包含类），所以 JavaScript 并没有严格的“工厂函数”，但是在 JavaScript 中可以利用函数模拟类。

1.4.2 选择器

选择器是 jQuery 最基础的功能，其基本语法如下：

```
$(selector)
```

ID 选择器、标签选择器、类选择器的用法如下：

```
$("#Name")                    //获取 DOM 中 ID 名为 Name 的元素
$("p")                        //获取 DOM 中所有的 p 元素
$(".className")               //获取 DOM 中 class 类名为 className 的元素
```

1.4.3 事件处理方法

jQuery 最重要的方法就是事件处理方法，主要用来绑定 DOM 元素的事件和事件处理方法。在 jQuery 中，还有许多基础事件，如鼠标事件（click）、键盘事件（mouseover()）和表单事件（onblur）等，都可以通过这些事件方法进行绑定。

下面制作一个网站的左导航特效，当单击导航项时，为 ID 名是 current 的导航项添加 class 为 current 的类样式代码如下。

示例 2：

样式代码：

```
<style>
    li{ list-style: none; line-height: 24px; cursor: pointer;}
    .current{ background:red; font-weight: bold; color: #fff;}
</style>
```

结构代码：

```
<body>
    <ul>
        <li id="current">简介</li>
        <li>方法</li>
        <li>语法</li>
```

```
        <li>对象</li>
        <li>事件</li>
    </ul>
</body>
```

行为代码：

```
<script type="text/javascript">
    $(document).ready(function(){
        $("li").click(function(){
            $("#current").addClass("current")
        })
    })
</script>
```

运行结果如图 1.4 所示。

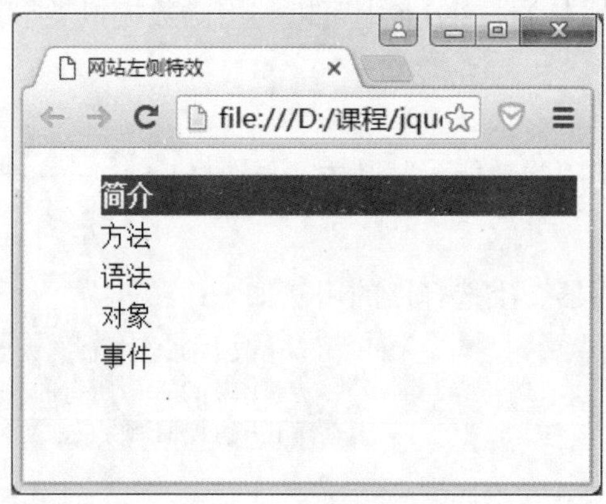

图 1.4　左侧导航特效

addClass()方法是 jQuery 中用于进行 CSS 操作的方法之一，它的作用是为每个匹配的元素添加指定的样式类名。语法格式如下：

```
jQuery 对象.addClass([样式名])
```

其中，样式名可以是一个，也可以是多个，多个样式名需要用空格隔开。

注意

addClass 选择器与使用选择器获取 DOM 元素不同，获取 ID 为 current 的元素时，current 前需要加 ID 的符号#；而使用 addClass()方法添加 class 为 current 的类样式时，该类名前不带有类符号“.”。

1.5　jQuery 编码风格

编码风格是程序开发人员在编写源代码时形成的约定俗成的书写风格，良好的编码风格使代码具有可读性，也有利于后期的代码维护。

1.5.1 $的作用

$是 jQuery 程序的标志：在 jQuery 程序中使用最多的就是美元符$。无论是页面元素的选择器，还是功能函数的前缀，都必须使用该符号。因此，它不仅可以用作选择器，还可以用作 jQuery 的工具函数前缀。

1.5.2 连缀的编程模式

在对 DOM 元素进行多个操作时，为了避免过度使用临时变量或不必要的重复代码，在大多数 jQuery 代码中采用了一种称为连缀的编程模式。它可以对一个对象进行多重操作，并将操作结果返回给该对象，以便于将返回结果应用于该对象的下一次操作。下面通过示例 3 演示实现连缀的书写方法。

示例 3：

样式代码：

```
<style>
    h2 {padding:5px;}
    p {display:none;}
</style>
```

结构代码：

```
<body>
    <h2>什么是 jQuery?</h2>
    <p>
    <strong>解答：</strong>
    jQuery 是继 Prototype 之后又一个优秀的 JavaScript 库，是由美国人 John Resig 于 2006 年创建的开源项目。</p>
</body>
```

行为代码：

```
<script type="text/javascript">
    $(document).ready(function() {
        $("h2").click(function(){
            $("h2").css("background-color","red").next().css("display","block");
        });
    });
</script>
```

运行结果如图 1.5 所示。

图 1.5 连缀书写

由示例 3 可知，单击<h2>时，为它本身添加红色的背景，并为紧随其后的元素<p>添加样式，使隐藏的<p>元素显示出来，这就是 jQuery 的连缀模式。示例 3 中出现的 css()方法，也是 jQuery 中用于进行 CSS 操作的方法之一，它的作用是为匹配的元素添加 CSS 样式。语法格式如下：

Note

```
css("属性","属性值");
```

若要使用 css()方法为页面中的<p>元素设置文本颜色为蓝色，可以写作：$("p").css("color","blue")。

注意

css()方法与 addClass()方法的区别如下：

css()方法为所匹配的元素设置给定的 CSS 样式。

addClass()方法为所匹配的元素添加一个或多个类，该方法不会移除已经存在的类，仅在原有基础上追加新的类样式。

基于结构与样式分离的原则，通常在实际应用中为某元素添加样式时，使用 addClass()方法比 css()方法的频率高得多，因此建议使用 addClass()方法为元素添加样式。

1.6 DOM 对象和 jQuery 对象

DOM 是英文 Document Object Model（文档对象模型）的首字母缩写。如果没有 document，DOM 就无从谈起，因此只有类似(X)HTML、XML 等属于文档类型的语言，才具有 DOM。每一个(X)HTML 页面都具有一个 DOM，每一个 DOM 都可以表示成一棵树，这是理解 DOM 模型的关键。

1.6.1 DOM 模型

下面构建一个基本的网页，网页代码如示例 4 所示。

示例 4：

结构代码：

```
<body>
    <h2>DOM 模型示例</h2>
    <p title="选择你喜欢的零食">你最喜欢的颜色是什么？</p>
    <ul>
        <li>红色</li>
        <li>蓝色</li>
        <li>粉色</li>
    </ul>
    <img src="images/5.2.jpg" alt="" />
    <strong>我最喜欢的颜色是红色，你呢？</strong>
</body>
```

初始化后的效果如图 1.6 所示。

图 1.6　DOM 模型

在 DOM 里存在许多不同类型的节点，有些 DOM 节点还包含其他类型的节点。DOM 里的节点通常分为 3 种类型，即元素节点、文本节点和属性节点。

1. 元素节点

在图 1.6 所示的简单网页中，使用了<h2>、 <p>和<ul>等元素。如把网页比作一幢建筑，那么元素就是这座建筑的砖块，这些元素在文档中的布局形成了文档的结构。在 DOM 树中，<html>元素是根元素，其他元素都是其子元素。

2. 文本节点

网页的核心价值是传递和展现信息，如果页面对应的 HTML DOM 仅仅包括<head>、<body>、<div>、<ul>和<li>等元素节点，那么这个网页是没有任何实际意义的，因为它没有内容、没有信息。

在 HTML DOM 中，内容是由文本节点提供的，文本节点就是 HTML 中的文字内容。在示例代码中，<p>元素中包含的文本“你最喜欢的颜色是什么？”和<strong>元素中包含的“我最喜欢的颜色是红色，你呢？”等都是文本节点。

在 HTML DOM 文档中，文本节点总包含在元素节点内部，但并非所有元素节点都包含文本节点。例如，颜色列表中的<ul>元素的内部就不包含文本内容，包含文本内容的是它的子节点<li>元素。

3. 属性节点

属性节点的作用是对元素做出更具体的描述。在上面的示例中，<p>元素的 title 属性和<img>元素的 src 和 alt 属性就是属性节点，开发人员可以利用属性节点对包含在元素里的内容做出准确的描述。

属性节点都是元素节点的子节点，相应的，属性总被放在元素节点的起始标签内。不是所有元素节点都必须包含属性节点，如元素节点<h2>中就没有包含属性节点，仅包含了文本节点“DOM 模型示例”。

Note

1.6.2 DOM 对象

在 JavaScript 中，可以使用 getElementsByTagName()或者 getElementById()来获取元素节点，通过该方式得到的 DOM 元素就是 DOM 对象，DOM 对象可以使用 JavaScript 中的方法。代码如下：

```
var objDOM=document.getElementById("id");          //获得 DOM 对象
var objHTML=objDOM.innerHTML;                      //使用 JavaScript 中的 innerHTML 属性
```

1.6.3 jQuery 对象

jQuery 对象就是通过 jQuery 包装 DOM 对象后产生的对象，它能够使用 jQuery 中的方法。例如：

```
$("#title").html();                                //获取 ID 为 title 的元素内的 html 代码
```

这段代码等同于如下代码：

```
document.getElementById("title").innerHTML;
```

在 jQuery 对象中无法直接使用 DOM 对象的任何方法，例如，$("#id").innerHTML 和 $("#id").checked 之类的写法都是错误的，可以使用$("#id").html()和$("#id").attr("checked")之类的 jQuery 方法来代替。同样，DOM 对象也不能使用 jQuery 里的方法，例如 document.getElementById("id").html()也会报错，只能使用 document.getElementById("id").innerHTML 语句。

1.6.4 jQuery 对象与 DOM 对象的相互转换

在使用 jQuery 的开发过程中，jQuery 对象和 DOM 对象互相转换是常用的方式。jQuery 对象转换为 DOM 对象的主要原因是：DOM 对象包含了一些 jQuery 对象没有包含的元素，要使用这些元素就必须进行转换。总之，jQuery 对象的成员要丰富得多，通常开发者会把 DOM 对象转换成 jQuery 对象。

在讨论 jQuery 对象和 DOM 对象的相互转换之前，先约定定义变量的风格，如果获取的对象是 jQuery 对象，那么在变量前面加上$，例如：

```
var $variable=jQuery 对象;
```

如果获取的对象是 DOM 对象，则定义如下：

```
var variable=DOM 对象;
```

下面看看在实际应用中是如何进行 jQuery 对象与 DOM 对象的相互转换的。

1. jQuery 对象转换成 DOM 对象

jQuery 提供了两种方法将一个 jQuery 对象转换成一个 DOM 对象，即[index]和 get(index)。

（1）jQuery 对象是一个类似数组的对象，可以通过[index]的方法得到相应的 DOM 对象。

代码如下所示：

```
var $txtName =$("#txtName");                    //jQuery 对象
var txtName =$txtName[0];                       //DOM 对象
alert(txtName.checked)                          //检测这个 checkbox 是否被选中了
```

（2）通过 get(index)方法得到相应的 DOM 对象。

代码如下所示：

```
var $txtName =$("#txtName");                    //jQuery 对象
var txtName =$txtName.get(0);                   //DOM 对象
alert(txtName.checked)                          //检测这个 checkbox 是否被选中了
```

jQuery 对象转换成 DOM 对象在实际开发中并不多见，除非希望使用 DOM 对象特有的成员，如 outerHTML 属性，通过该属性可以输出相应的 DOM 元素的完整的 HTML 代码，而 jQuery 并没有直接提供该功能。

2. DOM 对象转换成 jQuery 对象

对于一个 DOM 对象，只需要用$()函数将 DOM 对象包装起来，就可以获得一个 jQuery 对象，其方式为$(DOM 对象)。

jQuery 代码如下所示：

```
var txtName =document.getElementById("txtName");    //DOM 对象
var $txtName =$(txtName);                           //jQuery 对象
```

转换后，可以任意使用 jQuery 中的方法。

在实际开发中，将 DOM 对象转换为 jQuery 对象多见于 jQuery 事件方法的调用中。在后续内容中将会接触到更多的关于 DOM 对象转换为 jQuery 对象的应用场景。

DOM 对象只能使用 DOM 中的方法，jQuery 对象不可以直接使用 DOM 中的方法。

技 能 训 练

实战案例：制作左侧导航特效

需求描述

（1）制作如图 1.7 所示的左侧导航特效。

（2）单击“jQuery 分类”标题时，显示其下的子菜单。

（3）使用 css()方法给 class 为 first()的列表项添加绿色背景。

（4）使用 addClass()方法为该列表项的链接设置字体大小为 16px、加粗、颜色为白色的字体。

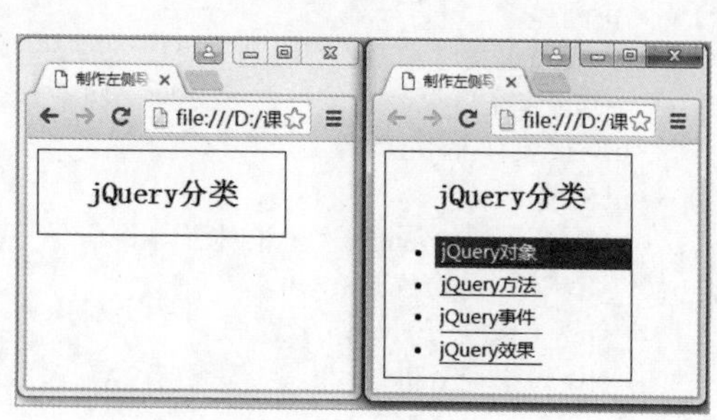

图 1.7　效果图

Note

本 章 总 结

- 要使用 jQuery 的功能，需要首先引用 jQuery 库文件。
- $(document).ready()与 window.onload 使用场合类似，但也有不同。
- jQuery 代码中常见的元素包括工厂函数、选择器和方法。
- jQuery 是一个优秀的 JavaScript 库，使用它可大大提高 Web 客户端的开发效率。
- 每个页面都有对应的 DOM 模型，DOM 模型包括元素节点、文本节点和属性节点。
- 可以将 DOM 对象转换成 jQuery 对象，以使用 jQuery 提供的丰富功能；也可以将 jQuery 对象转换成 DOM 对象，使用 DOM 对象特有的成员提供的功能。
- 可以使用 addClass()方法和 css()方法为 DOM 元素添加样式。
- jQuery 中的 click()方法对应 JavaScript 中的 onclick。
- jQuery 程序代码的特色：包含$符号和连缀操作。

本 章 作 业

1. 简述 jQuery 的优势。
2. 什么是 DOM 模型？
3. jQuery 的语法结构由哪几部分组成？
4. 编写一个 jQuery 程序，并设置<h1>的字体大小为 20px，将 current 元素的背景色设置为#FF0000。相关的 HTML 代码如下所示：

```
<h1>威廉·莎士比亚</h1>
<p>威廉·莎士比亚，华人社会常尊称为莎翁，是英国文学史上最杰出的戏剧家，也是欧洲文艺复兴时期最重要、最伟大的作家，全世界最卓越的文学家之一。</p>
<p>莎士比亚在埃文河畔斯特拉特福出生长大，18 岁时与安妮·哈瑟维结婚，两人共生育了三个孩子。</p>
<p>浪漫主义时期赞颂莎士比亚的才华，维多利亚时代像英雄一样地尊敬他，被萧伯纳称为莎士比亚崇拜。他的作品直至今日依旧广受欢迎，在全球以不同文化和政治形势演出和诠释。</p>
<h1>代表作品</h1>
<ul>
  <li class="current">《辛柏林》</li>
  <li>《冬天的故事》</li>
  <li>《暴风雨》</li>
  <li>《亨利八世》</li>
</ul>
```

第2章

jQuery选择器

本章简介

jQuery利用CSS选择器的能力，可以在DOM中快捷而轻松地获取元素或元素集合。按jQuery选择器获取元素的不同方式，大致可分为通过CSS选择器和条件过滤两种方式获取元素。

本章任务

- 使用jQuery完成七龙珠简介页面
- 使用jQuery完成表格隔行变色
- 使用jQuery单击按钮，隐藏文字

本章目标

- 会使用基本选择器获取元素
- 会使用层次选择器获取元素
- 会使用属性选择器获取元素
- 会使用基本过滤选择器获取元素
- 会使用可见性过滤选择器获取元素

预习作业

1. 请列举学过的CSS选择器类型。
2. jQuery选择器的优势有哪些？

3. jQuery 选择器包括哪几大类？

4. 通过位置选取元素的 jQuery 选择器有哪些？

Note

2.1 jQuery 选择器概述

选择器是 jQuery 的核心功能，因为对事件处理、遍历 DOM 和 AJAX 操作都依赖于选择器。使用选择器，不仅能简化代码，还能提高效率。

jQuery 选择器可通过 CSS 选择器和条件过滤两种方式获取元素。其中，通过 CSS 选择器语法规则获取元素的 jQuery 选择器包括基本选择器、层次选择器和属性选择器；通过条件过滤选取元素的 jQuery 选择器包括基本过滤选择器和可见性过滤选择器。

2.1.1 jQuery 选择器的概念

jQuery 选择器是 jQuery 库中非常重要的部分之一，它支持网页开发者所熟知的 CSS 语法快速对页面进行设置。提起选择器，初学者一般会联想到 CSS 层叠样式表。在 CSS 中，选择器的作用是获取元素，而后为其添加 CSS 样式，美化网页；而 jQuery 选择器，不仅继承了 CSS 选择器的语法，还继承了其便捷高效地获取页面元素的特点。jQuery 选择器与 CSS 选择器的不同之处就在于，jQuery 选择器获取元素后，为该元素添加的是行为，使页面交互变得更加精彩。

使用 CSS 选择器需要考虑各个浏览器对它的支持情况，而 jQuery 选择器则不用考虑这些，它对于每个浏览器都有很好的兼容性。学会使用选择器是学习 jQuery 的基础，jQuery 的操作都建立在所获取的元素之上，否则无法达到想要的效果。

2.1.2 jQuery 选择器的优点

1. 简洁的写法

$()函数在很多 JavaScript 库中都被当作一个选择器函数来使用，在 jQuery 中也一样。$(" #id 名 ")用来代替 JavaScript 中的 document.getElementById()函数，即通过 ID 获取元素；$(" 标签名 ")用来代替 document.getElementsByTagName()函数，即通过标签名来获取 HTML 元素。其他选择器的写法将在后续章节中讲解。

2. 支持 CSS 1.0 到 CSS 3.0 选择器

jQuery 选择器支持 CSS 1.0、CSS 2.0 和 CSS 3.0 的大多数选择器。同时，它也有少量自定义的选择器。

使用 CSS 选择器时，开发人员需要考虑主流浏览器是否支持某些选择器；而在 jQuery 中，开发人员则可以放心地使用 jQuery 选择器，而无须考虑浏览器是否支持这些选择器。

3. 完善的处理机制

使用 jQuery 选择器不仅比使用传统的 getElementById()和 getElementsByTagName()函数简洁得多，还能避免某些错误。

Note

2.2　通过 CSS 选择器选取元素

jQuery 支持大多数 CSS 选择器，其中最常用的有 CSS 中的基本选择器、层次选择器和属性选择器。在 jQuery 中，与它们对应的分别是 jQuery 基本选择器、层次选择器和属性选择器，它们的构成规则与 CSS 选择器完全相同。下面分别讲解这 3 种选择器的用法。

2.2.1　基本选择器

jQuery 基本选择器与 CSS 基本选择器相同，它继承了 CSS 选择器的语法和功能，主要由元素标签名、class、ID 和多个选择器组成，通过基本选择器可以实现大多数页面元素的查找。基本选择器主要包括标签选择器、类选择器、ID 选择器、并集选择器（群组选择器）、交集选择器和全局选择器（通配符选择器）。这一类选择器在 jQuery 中的使用频率最高。

为了更加直观地展示 jQuery 基本选择器选取的元素及范围，首先使用 HTML+CSS 代码实现如图 2.1 所示的页面。

图 2.1　基本选择器的演示

其 HTML+CSS 代码如下所示。

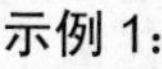

示例 1：

样式代码：

```
<style>
    #wrapper {background-color:#FFF; border:2px solid #000; padding:5px;}
    #wrapper img{ width: 20%;}
</style>
```

结构代码：

```
<body>
    <div id="wrapper">id 为 wrapper 的 div
        <h2 class="current">class 为 current 的 h2</h2>
        <h3 class="current">class 为 current 的 h3</h3>
        <h2>热门图片</h2>
        <img src="images/5.2.jpg">
    </div>
</body>
```

关于 jQuery 基本选择器的详细说明如表 2.1 所示。

表 2.1　基本选择器的详细说明

名　称	语法构成	描　述	返回值	示　例
标签选择器	element	遍历标签	元素集合	$("h2")选取所有 h2 元素

Note

续表

名　称	语 法 构 成	描　述	返 回 值	示　例
类选择器	.class	遍历 CSS 类元素	元素集合	$(".current")选取所有 class 为 title 的元素
ID 选择器	#id	指定 ID 元素	单个元素	$("#current")选取 ID 为 current 的元素
并集选择器	selector1,selector2,...,selectorN	遍历选择器匹配的元素，合并后一起返回	元素集合	$("div,p, .current")选取所有 div、p 和拥有 class 为 current 的元素
交集选择器	element.class 或 element#id	遍历 HTML 元素	单个元素或元素集合	$("h2. currnet")选取所有拥有 class 为 current 的 h2 元素
全局选择器	*	遍历所有元素	集合元素	$("*")选取所有元素

下面使用 jQuery 基本选择器，实现当单击<h2>元素时为<h3>元素添加颜色为 red 的背景颜色的功能。其 jQuery 代码如下所示：

```
<script type="text/javascript">
    $(document).ready(function() {
        $("h2").click(function(){                          //获取<h2>元素并为其添加 click 事件函数
            $("h3").css("background-color","red");         //获取<h3>元素并为其添加背景颜色
        });
    });
</script>
```

使用基本选择器可以完成大部分页面元素的获取。下面根据表 2.1 对基本选择器的详细说明，在如图 2.1 所示的静态页面的基础上，对该页面中的<div> <dt>和<h2>等元素进行匹配并操作（改变 CSS 样式），示例如表 2.2 所示。

表 2.2　基本选择器示例

功　能	代　码	执行后的效果
获取并设置所有<h3>元素的背景颜色	$("h3").css("background","red")	
获取并设置所有 class 为 current 的元素的背景颜色	$(".current").css("background","red")	

续表

功　能	代　码	执行后的效果
获取并设置 id 为 wrapper 的元素的背景颜色	$("#wrapper").css("background","red")	127.0.0.1:8020/demo/ id为wrapper的div class为current的h2 class为current的h3 热门图片
获取并设置所有<h2>、class 为 current 的元素的背景颜色	$("h2, .current").css("background","red")	127.0.0.1:8020/demo/ id为wrapper的div class为current的h2 class为current的h3 热门图片
获取并设置所有 class 为 current 的<h2>元素的背景颜色	$("h2.current").css("background","red")	127.0.0.1:8020/demo/ id为wrapper的div class为current的h2 class为current的h3 热门图片
改变所有元素的字体颜色	$("*").css("color","red")	127.0.0.1:8020/demo/ id为wrapper的div class为current的h2 class为current的h3 热门图片

了解了基本选择器的语法之后，接下来就使用标签选择器来实现单击<p>元素时，选中页面中的<span>元素，并为其添加背景颜色。代码如示例 2 所示。

示例 2：

结构代码：

```
<body>
    <h2>七龙珠</h2>
```

```
        <p><span>导演：</span>冈崎稔碾</p>
        <p><span>简介：</span>与布尔玛相遇</p>
        <p>悟空独自住在深山，遇上搜集七龙珠的少女科学家布尔玛，布尔玛为得到悟空拥有的四星七龙珠，而带悟空踏上了找寻七龙珠的旅程...<span>>>详细</span></p>
        <a href="#">立即播放</a><strong><a href="#">极速播放</a></strong><span>下载观看</span>
    </body>
```

Note

行为代码：

```
<script type="text/javascript">
    $(document).ready(function() {
        $("h2").click(function(){
            $("span").css("background","red");
        });
    });
</script>
```

其运行结果如图 2.2 所示。

标签选择初始状态

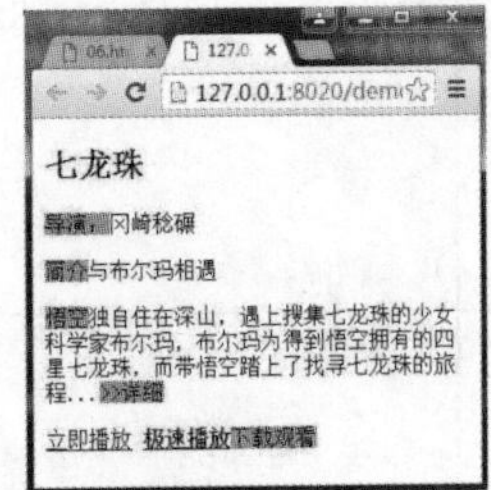

标签选择器单击 P 元素后

图 2.2　标签选择器

2.2.2　层次选择器

层次选择器可以获取 DOM 元素之间的层次关系，如后代元素、子元素、相邻元素和后辈元素。

jQuery 中的层次选择器与 CSS 中的层次选择器都是根据获取元素与其父元素、子元素、兄弟元素等关系而构成的选择器。后代选择器、子选择器、相邻元素选择器和同辈元素选择器都是 jQuery 中的层次选择器。经常使用的就是后代选择器和子选择器。它们与 CSS 中的后代选择器与子选择器的语法和选择区范围相同。

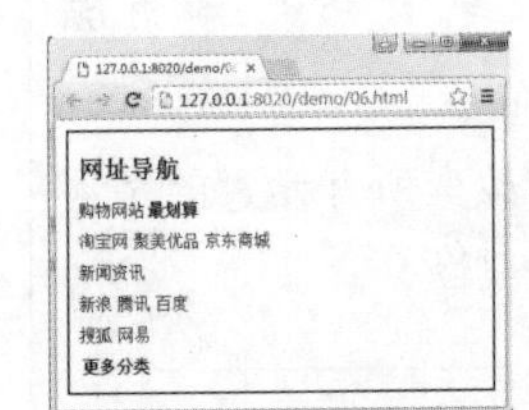

图 2.3　层次选择器的演示

与讲解基本选择器相同，首先使用 HTML+CSS 代码实现如图 2.3 所示的页面，用来演示层次选择器的用法。

其 HTML+CSS 代码如示例 3 所示。

示例 3：

样式代码：

```
<style type="text/css">
    *{margin:0; padding:0; line-height:30px;}
```

```
    body{margin:10px;}
    #menu{border:2px solid blue; padding:10px;}
    a{text-decoration:none; margin-right:5px;}
    span{font-weight:bold; padding:3px;}
    h2{margin:10px 0;}
</style>
```

结构代码：

```
<body>
    <div id="menu">
        <h2>网址导航</h2>
        <dl>
            <dt>购物网站<span>最划算</span></dt>
            <dd>
                <a href="#">淘宝网</a><a href="#">聚美优品</a><a href="#">京东商城</a>
            </dd>
        </dl>
        <dl>
            <dt>新闻资讯</dt>
            <dd>
                <a href="#">新浪</a><a href="#">腾讯</a><a href="#">百度</a>
            </dd>
            <dd>
                <a href="#">搜狐</a><a href="#">网易</a>
            </dd>
        </dl>
        <span>更多分类</span>
    </div>
</body>
```

该代码运行结果如图 2.3 所示。

关于层次选择器的详细说明如表 2.3 所示。

表 2.3 层次选择器的详细说明

名　称	语法构成	描　述	返回值	示　例
选择后代	$("ancestor descendant")	选取 ancestor 元素里的所有 descendant（后代）元素	集合元素	$("#menu span")选取#menu 下所有的<span>元素
选择子元素	$("parent>child ")	选取 parent 元素下的 child（子）元素	集合元素	$("#menu>span")选取#menu 下的子元素<span>
选择相邻元素	$(" prev+next ")	选取紧邻 prev 元素之后的 next 元素	集合元素	$("h2+dl")选取紧邻<h2>元素之后的同辈元素<dl>
选择同辈	$("prev~sibings ")	选取 prev 元素之后的所有 siblings（同辈）元素	集合元素	$("h2~dl")选取<h2>元素之后所有的同辈元素<dl>

接下来使用 jQuery 层次选择器实现单击<h2>元素时，为#menu 下的<span>元素添加颜色为 blue 的背景颜色的功能。其 jQuery 代码如下所示：

```
<script type="text/javascript">
    $(document).ready(function() {
        $("h2").click(function(){
```

```
            $("#menu span").css("background-color","blue");
        })
    });
</script>
```

接着在如图 2.3 所示的页面基础上，使用层次选择器对网页中的<div>、<span>和<h2>等元素等进行操作，其示例如表 2.4 所示。

表 2.4　层次选择器示例

功　　能	代　　码	执行后的效果
获取并设置#menu 下的<span>元素的背景颜色	$("#menu span") .css("background-color","blue")	127.0.0.1:80 网址导航 购物网站 淘宝网 聚美优品 京东商城 新闻资讯 新浪 腾讯 百度 搜狐 网易
获取并设置#menu 下的子元素<span>的背景颜色	$("#menu>span") .css("background-color","blue")	127.0.0.1:80 网址导航 购物网站 最划算 淘宝网 聚美优品 京东商城 新闻资讯 新浪 腾讯 百度 搜狐 网易
获取并设置紧邻<h2>元素后的<dl>元素的背景颜色	$("h2+dl") .css("background-color","blue")	127.0.0.1:80 网址导航 新闻资讯 新浪 腾讯 百度 搜狐 网易 更多分类

Note

续表

功　能	代　码	执行后的效果
获取并设置<h2>元素之后的所有同辈元素<dl>的背景颜色	$("h2~dl") .css("background-color","blue")	网址导航 更多分类

继续使用示例 3 的代码，演示层次选择器的用法。单击<h2>时，为它的父元素<body>中的<span>添加背景颜色 red。jQuery 代码如示例 4 所示。

示例 4：

样式代码：

```
<script type="text/javascript">
    $(document).ready(function() {
        $("h2").click(function(){
            $("body span").css("background","red");
            $("body>span").css("background","#FF0092");
        });
    });
</script>
```

其运行结果如图 2.4 所示。

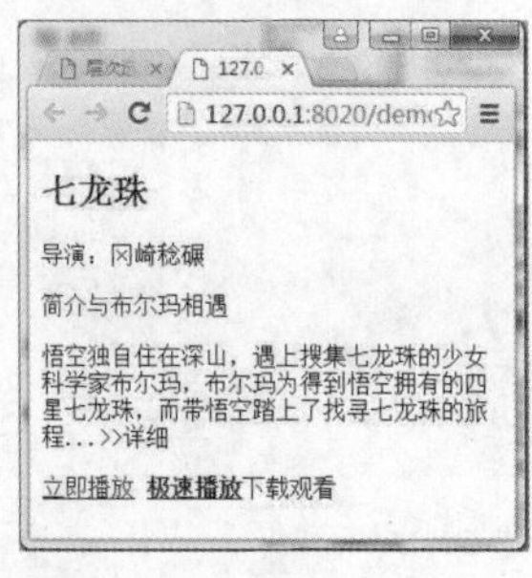

层次选择器初始状态

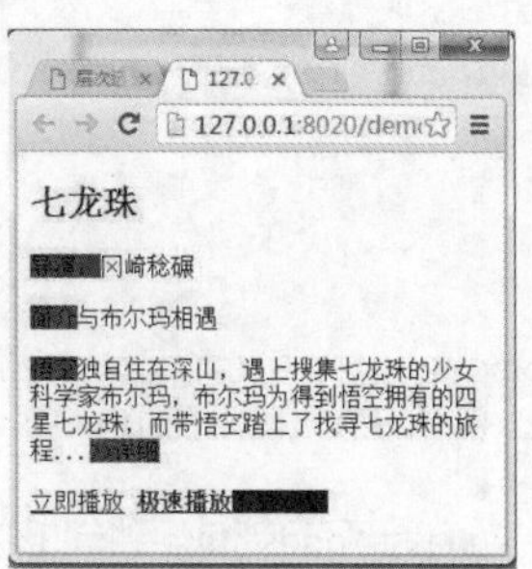

层次选择器单击 h2 元素后

图 2.4　层次选择器

由图 2.4 发现，后代选择器的选取范围会大过子选择器。

层次选择器中的后代选择器和子选择器是最为常用的。jQuery 里有更简洁的方法代替相邻元素选择器和同辈元素选择器，所以较为少用。在 jQuery 中还可以用一些较为简单的语法来代替繁杂的语法，如用 next()方法代替 prev+next（相邻元素选择器），用 nextAll 方法代替 prev~siblings（同辈元素选择器）。

2.2.3 属性选择器

属性选择器是 CSS 选择器中特别有用的一类选择器。顾名思义，属性选择器通过 HTML 元素的属性选择元素，例如链接的 title 属性或图像的 alt 属性，还有<a>标签的 target 属性。属性选择器的语法结构遵循 CSS 选择器，它也是 jQuery 中按条件过滤获取元素的选择器。

使用 HTML+CSS 代码实现如图 2.5 所示的页面，用来演示属性选择器的用法。

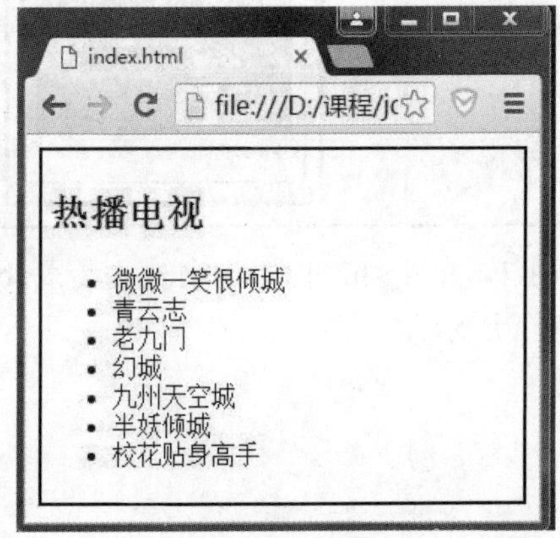

属性选择器初始状态

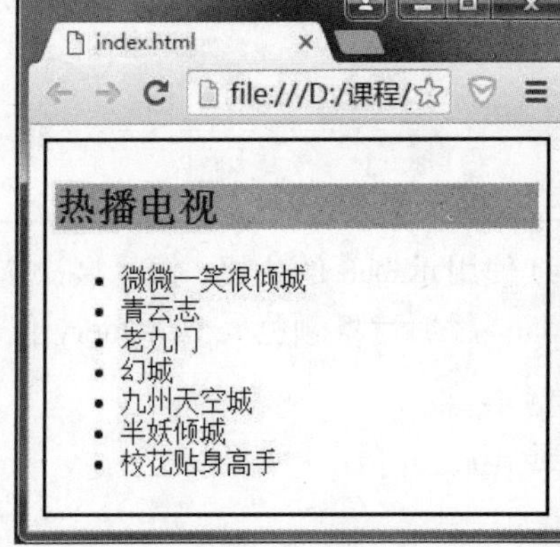

单击 h2 元素后

图 2.5 属性选择器

其 HTML+CSS 代码如示例 5 所示。

示例 5：

样式代码：

```
<style type="text/css">
    #box {background-color:#FFF; border:2px solid #000; padding:5px;}
</style>
```

结构代码：

```
<body>
    <div id="box">
        <h2 class="odds" title="cartoonlist">热播电视</h2>
        <ul>
            <li class="odds" title="kn_jp">微微一笑很倾城</li>
            <li class="evens" title="hy_jp">青云志</li>
            <li class="odds" title="ss_jp">老九门</li>
            <li class="evens" title="hy_jp">幻城</li>
            <li class="odds" title="ss_jp">九州天空城</li>
            <li class="evens" title="hy_jp">半妖倾城</li>
            <li class="odds" title="ss_jp">校花贴身高手</li>
        </ul>
    </div>
</body>
```

关于属性选择器的详细说明如表 2.5 所示。

表 2.5 属性选择器的详细说明

名 称	语 法	描 述	返 回 值	
属性选择器	[attribute]	选取包含给定属性的元素	元素集合	$("[href]")选取含有href属性的元素
	[attribute=value]	选取等于给定属性是某个特定值的元素	元素集合	$("[href='#']")选取 href 属性值为"#"的元素
属性选择器	[attribute!=value]	选取不等于给定属性是某个特定值的元素	元素集合	$("[href !='#']")选取 href 属性值不为"#"的元素
	[attribute^=value]	选取给定属性是以某些特定值开始的元素	元素集合	$("[href^='en']")选取 href 属性值以 en 开头的元素
	[attribute$=value]	选取给定属性是以某些特定值结尾的元素	元素集合	$("[href$='.jpg']")选取 href 属性值以.jpg 结尾的元素
	[attribute*=value]	选取给定属性是包含某些值的元素	元素集合	$("[href*='txt']")选取 href 属性值中含有 txt 的元素
	[selector] [selector2] [selectorN]	选取满足多个条件的复合属性的元素	元素集合	$("li[id][title=新闻要点]")选取含有 id 属性和 title 属性为"新闻要点"的<li>元素

下面使用属性选择器，在示例 5 的基础上实现单击<h2>时为含有 title 属性的标签添加背景色的功能，代码如下所示。

行为代码：

```
<script type="text/javascript">
    $(document).ready(function() {
        $("h2").click(function(){
            $("h2[title]").css("background-color","#0ef");
        })
    });
</script>
```

其运行结果如图 2.5 所示。

在如图 2.5 所示页面的基础上，使用属性选择器对网页中的<div>、<li>和<h2>等元素进行操作，其示例如表 2.6 所示。

表 2.6 属性选择器示例

功 能	代 码	执行后的效果
改变含有 title 属性的<h2>元素的背景颜色	$("h2[title]") .css("background-color","#0ef")	

续表

功　能	代　码	执行后的效果
改变 class 属性值为 odds 的元素的背景颜色	$("[class=odds]") .css("background-color","#0ef")	
改变 id 属性值不为 box 的元素的背景颜色	$("[id!=box]") .css("background-color","#0ef")	
改变 title 属性值中以 h 开头的元素的背景颜色	$("[title^=h]") .css("background-color","#0ef")	
改变 title 属性值中以 jp 结尾的元素的背景颜色	$("[title$=jp]") .css("background-color","#0ef")	
改变 title 属性值中含有 s 的元素的背景颜色	$("[title*=s]") .css("background-color","#0ef")	

Note

续表

功　能	代　码	执行后的效果
改变包含 class 属性，且 title 属性值中含有 y 的<li>元素的背景颜色	$("li[class][title*=y]") .css("background-color","#0ef")	127.0.0.1:80 热播电视 • 微微一笑很倾城 • 青云志 • 老九门 • 幻城 • 九州天空城 • 半妖倾城 • 校花贴身高手

注意

因为 ID 具有唯一性，所以使用 ID 选择器获取元素的效率是最高的。

2.3　条件过滤选取元素

过滤选择器主要通过特殊的过滤规则来筛选出所需的 DOM 元素，过滤语法与 CSS 中的伪类语法相同，都是以一个冒号（:）开头，冒号前是需要过滤的元素。例如，a:hover 表示当鼠标指针移入<a>元素时，tr:visited 表示当鼠标指针访问过<tr>元素之后的状态。

按照不同的筛选条件，过滤选择器可以分为基本、内容、可见性、属性、子元素和表单对象属性等过滤选择器。其中，最常用的过滤选择器是基本过滤选择器、可见性过滤器、属性选择器和表单对象属性过滤器。

2.3.1　基本过滤选择器

基本过滤选择器是过滤选择器中最常见的，其详细说明如表 2.7 所示。

表 2.7　基本过滤选择器的详细说明

名　称	语　法	描　述	返 回 值	示　例
基本过滤选择器	:first	选取第一个元素	单个元素	$("li:first")选取所有<li>元素中的第一个<li>元素
	:last	选取最后一个元素	单个元素	$("li:last")选取所有<li>元素中的最后一个<li>元素
	:not(selector)	选取去除所有与给定选择器匹配的元素	集合元素	$("li:not(.three)") 选取 class 不是 three 的元素
	:even	选取索引是偶数的所有元素（index 从 0 开始）	集合元素	$("li:even")选取索引是偶数的所有<li>元素
	:odd	选取索引是奇数的所有元素（index 从 0 开始）	单个元素	$("li:odd")选取索引是奇数的所有<li>元素

续表

名　称	语　法	描　述	返 回 值	示　例
基本过滤选择器	:eq(index)	选取索引等于 index 的元素（index 从 0 开始）	集合元素	$("li:eq(1)")选取索引等于 1 的<li>元素
	:gt(index)	选取索引大于 index 的元素（index 从 0 开始）	集合元素	$("li:gt(1)")选取索引大于 1 的<li>元素（注意：大于 1，不包括 1）
	:lt(index)	选取索引小于 index 的元素（index 从 0 开始）	集合元素	$("li:lt(1)")选取索引小于 1 的<li>元素（注意：小于 1，不包括 1）
	:header	选取所有标题元素，如 h1~h6	集合元素	$(":header")选取网页中的所有标题元素
	:focus	选取当前获取焦点的元素	集合元素	$(":focus")选取当前获取焦点的元素

下面通过一个示例演示基本过滤选择器的用法。完成当单击<h2>元素时，使用基本过滤选择器对网页中的<li>和<h2>等元素的操作，页面初始代码如下所示。

下面就通过示例 6 来演示基本过滤选择器的用法。当单击<h2>时，通过过滤对网页中的<li>和<h2>等元素进行操作。

示例 6：

结构代码：

```
<body>
    <h2>小说排行榜</h2>
    <ul>
        <li>完美世界</li>
        <li>大主宰</li>
        <li class="three">斗破苍穹</li>
        <li>绝世唐门</li>
        <li>斗罗大陆</li>
        <li>校花的贴身高手</li>
        <li>武动乾坤</li>
        <li>遮天</li>
    </ul>
</body>
```

行为代码：

```
<script type="text/javascript">
    $(document).ready(function() {
        $("h2").click(function(){
        })
    });
</script>
```

页面初始效果如图 2.6 所示。

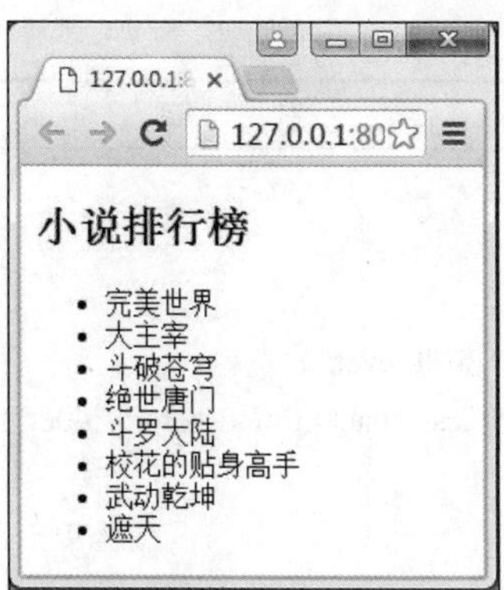

图 2.6　基本过滤选择器

基本过滤选择器的示例如表 2.8 所示。

表 2.8　基本过滤选择器示例

功　　能	代　　码	执行后的效果
改变第一个<li>元素的背景颜色	$("li:first") .css("background-color","#0ef")	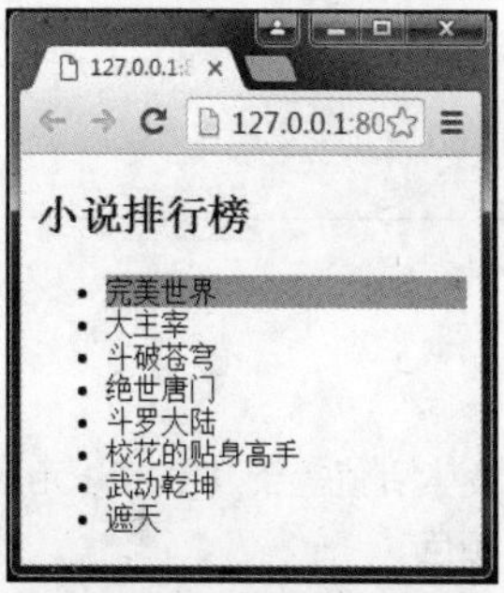
改变最后一个<li>元素的背景颜色	$("li:last") .css("background-color","#0ef")	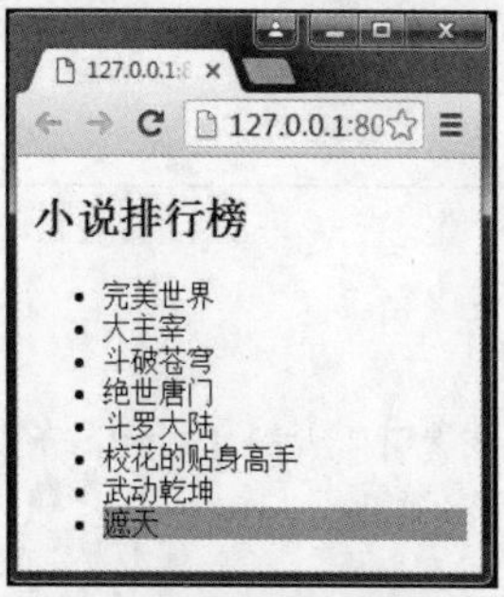
改变 class 不为 three 的<li>元素的背景颜色	$("li:not(.three)") .css("background-color","#0ef")	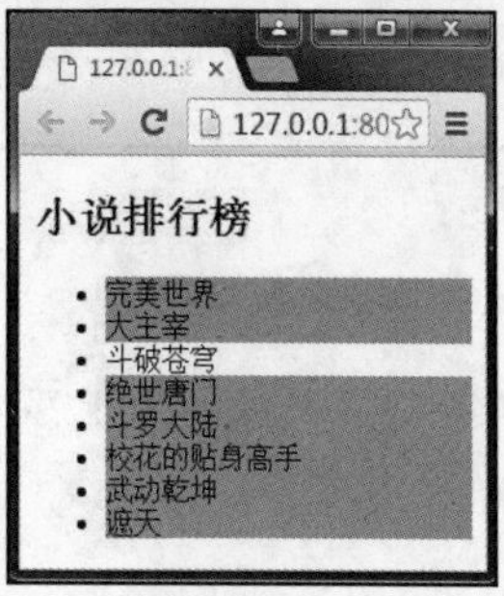

Note

续表

功　　能	代　　码	执行后的效果
改变索引值为偶数的<li>元素的背景颜色	$("li:even") .css("background-color","#0ef")	
改变索引值为奇数的<li>元素的背景颜色	$("li:odd") .css("background-color","#0ef")	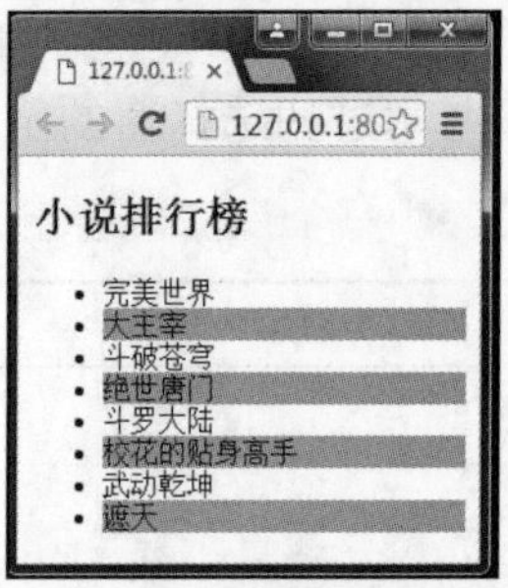
改变索引值等于 1 的<li>元素的背景颜色	$("li:eq(1)") .css("background-color","#0ef")	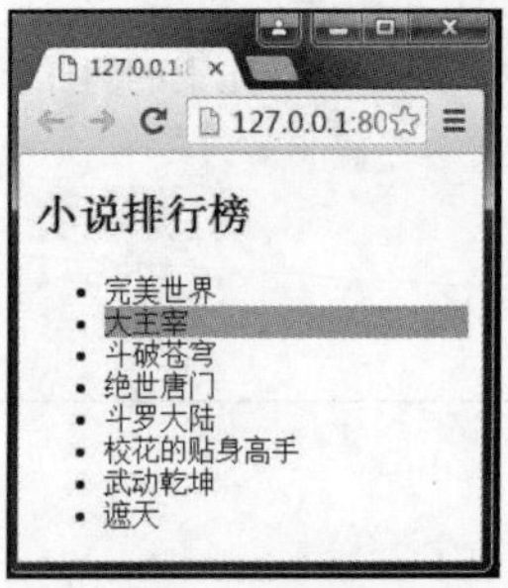
改变索引值大于 1 的<li>元素的背景颜色	$("li:gt(1)") .css("background-color","#0ef")	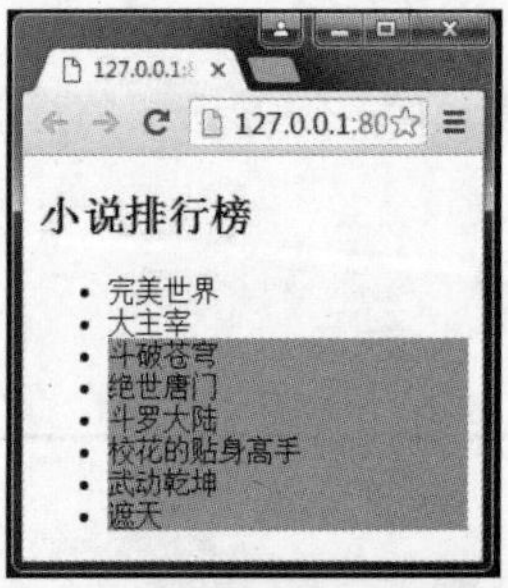
改变索引值小于 1 的<li>元素的背景颜色	$("li:lt(1)") .css("background-color","#0ef")	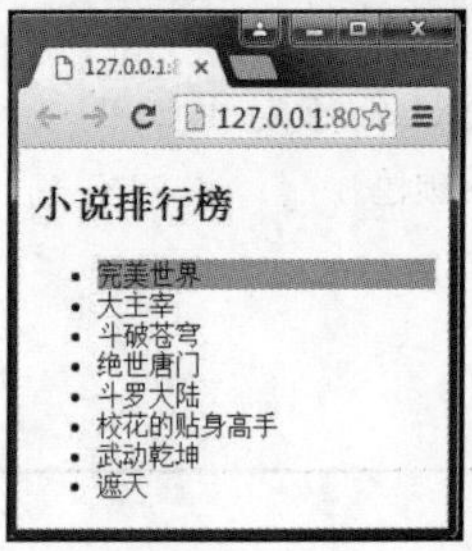

续表

功　能	代　码	执行后的效果
改变所有标题元素的背景颜色，如改变<h1> <h2> <h3>……元素的背景颜色	$(":header") .css("background-color","#0ef")	127.0.0.1:80 小说排行榜 • 完美世界 • 大主宰 • 斗破苍穹 • 绝世唐门 • 斗罗大陆 • 校花的贴身高手 • 武动乾坤 • 遮天

下面介绍使用基本过滤选择器制作一个网页中常见的隔行变色的表格，代码如示例 7 所示。

示例 7：

样式代码：

```
<style type="text/css">
    td {padding:8px; }
</style>
```

结构代码：

```
<body>
    <table width="100%" border="1" cellspacing="0">
        <tr>
            <th>序号</th>
            <th>名称</th>
            <th>发行时间</th>
            <th>价格</th>
        </tr>
        <tr>
            <td>1</td>
            <td>iphone6</td>
            <td>2014 年 9 月</td>
            <td>5288 元起</td>
        </tr>
        <tr>
            <td>2</td>
            <td>iphone6s</td>
            <td>2015 年 9 月</td>
            <td>5288 元起</td>
        </tr>
        <tr>
            <td>3</td>
            <td>iphoneSE</td>
            <td>2016 年 3 月</td>
            <td>3288 元起</td>
        </tr>
        <tr>
```

```
                <td>4</td>
                <td>iphone7</td>
                <td>2016 年 9 月</td>
                <td>未知</td>
            </tr>
        </table>
</body>
```

行为代码：

```
<script type="text/javascript">
    $(document).ready(function(){
        $("tr:even").css("background-color","#F63");
    });
</script>
```

其运行结果如图 2.7 所示。

图 2.7　隔行变色的表格

jQuery 的基本过滤选择器是通过元素所处的位置来获取元素的。从示例 7 中可以看出，正是因为有了选择器，才不会出现像 JavaScript 中那样复杂的操作，反而变得简单易懂。

2.3.2　可见性过滤选择器

jQuery 选择器除了可以通过 CSS 选择器、位置选取元素外，还可以通过元素的显示与隐藏来获取元素，这种方法叫作可见性过滤选择器。可见性过滤器的详细说明如表 2.9 所示。

表 2.9　可见性过滤选择器的详细说明

选 择 器	描　述	返 回 值	示　例
:visible	选取所有可见的元素	集合元素	$(":visible")选取所有可见的元素
:hidden	选取所有隐藏的元素	集合元素	$(":hidden") 选取所有隐藏的元素

设计一个简单的 HTML 页面，代码如示例 8 所示。

示例 8：

样式代码：

```
<style type="text/css">
    #txt_show {display:none; color:#00C;}
    #txt_hide {display:block; color:#F30;}
</style>
```

Note

结构代码：

```
<body>
    <p id="txt_hide">点击按钮，我会被隐藏哦~</p>
    <p id="txt_show">我又出现了</p>
    <input name="show" type="button" value="点击显示文字" class="show"/>
    <input name="hide" type="button" value="点击隐藏文字" class="hide" />
</body>
```

行为代码：

```
<script>
    $(document).ready(function(){
        $("[name=show]").click(function(){
            $("p:hidden").show();
        });
    });
    $(document).ready(function(){
        $("[name=hide]").click(function(){
            $("p:visible").hide();
        });
    });
</script>
```

单击“点击隐藏文字”按钮时，运行结果如图 2.8 所示。

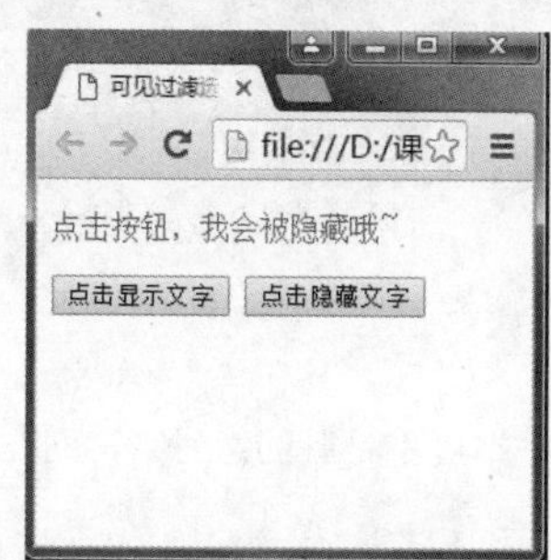

图 2.8 可见性过滤选择器

使用可见性过滤选择器可对网页中的<p>元素进行操作，单击“点击显示文字”按钮时，显示隐藏的 id 为 txt_show 的<p>元素；单击“点击隐藏文字”按钮时，隐藏所有可见的<p>元素，示例运行效果如表 2.10 所示。

表 2.10 可见性过滤选择器示例

功　　能	代　　码	运行后的效果
获取隐藏元素，使其显示	$("p:hidden").show();	

Note

续表

功　能	代　码	运行后的效果
获取显示元素，使其隐藏	$("p:visible").hide();	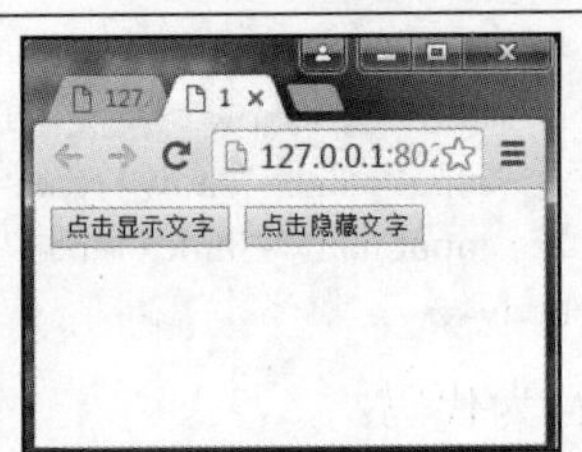

注意

show()和 hide()都是 jQuery 中的方法：show()方法的功能是将隐藏的元素显示出来，hide()方法的功能是将显示的元素隐藏起来。

下面实现单击<p>元素时，显示隐藏的信息提示框的功能，代码如示例 9 所示。

示例 9：

样式代码：

```
<style type="text/css">
    .tips{width:170px; padding:9px; background:#ddd; border:1px solid #000; font-size:17px; font-family:Arial; color:#0033FF; display:none;}
    p {color:#FF0033;}
</style>
```

结构代码：

```
<body>
    <p>“污”是什么意思？</p>
    <div class="tips">这里说的“污”可不是脏的意思哦，网友经常用“污”来形容这个人的思想很暴力，很邪恶。</div>
</body>
```

行为代码：

```
<script type="text/javascript">
    $(document).ready(function(){
        $("p").click(function(){
            $(".tips:hidden").show();
        });
    });
</script>
```

其运行结果如图 2.9 所示。

初始状态

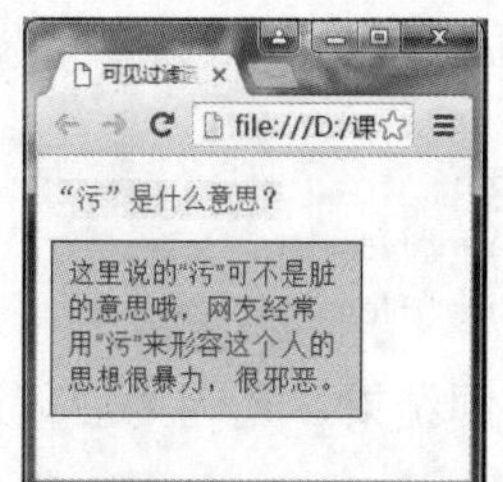

单击 P 元素以后

图 2.9　显示隐藏的提示信息

2.4　jQuery 选择器注意事项

下面归纳一下使用 jQuery 选择器应该注意的事项。

1. 选择器中含有特殊符号的注意事项

在实际开发过程中，可能会遇到表达式中含有"#"和"."等特殊的字符，如果按着普通的方式处理，就会出现错误，解决这类错误的方法就是将转义符转义。

HTML 代码如下：

```
<div id="id#a">aa</div>
<div id="id[2]">cc</div>
```

按照普通的方式来获取，例如：

```
$("#id#a");
$("#id[2]");
```

以上代码不能正确获取到元素，正确的写法如下：

```
$("#id\\#a");
$("#id\\[2\\]");
```

2. 选择器中含有空格的注意事项

选择器中的空格也是不容忽视的，多一个空格或少一个空格都有可能得到意想不到的结果。

HTML 代码如下：

```
<div class="box">
     <div style="display:none;">111</div>
     <div style="display:none;">222</div>
     <div style="display:none;">333</div>
     <div class="test" style="display:none;">444</div>
</div>
<div class="test" style="display:none;">555</div>
<div class="test" style="display:none;">666</div>
```

使用如下 jQuery 选择器分别来获取它们代码如下：

```
var $b_a = $(".box:hidden");                              //带空格的 jQuery 选择器
```

```
var $b_b = $(".box:hidden");                    //不带空格的 jQuery 选择器
var len_a = $b_a.length;
var len_b = $b_b.length;
alert("$('.box:hidden') = "+len_a);             //输出 4
alert("$('.box:hidden') = "+len_b);             //输出 3
```

Note

之所以会出现不同结果，是因为后代选择器与过滤选择器存在不同。

```
var $b_a = $(".box:hidden");                    //带空格的 jQuery 选择器
```

以上代码选取的是 class 为 box 的元素内部的隐藏元素。

```
var $b_b = $(".box:hidden");                    //不带空格的 jQuery 选择器
```

以上代码选取的是 class 为 box 的隐藏元素。

技 能 训 练

实战案例：表格隔行变色

需求描述

（1）制作如图 2.10 所示的隔行变色表格。

（2）页面加载完毕后，表格隔行变色。

（3）背景颜色的色值为#0EF。

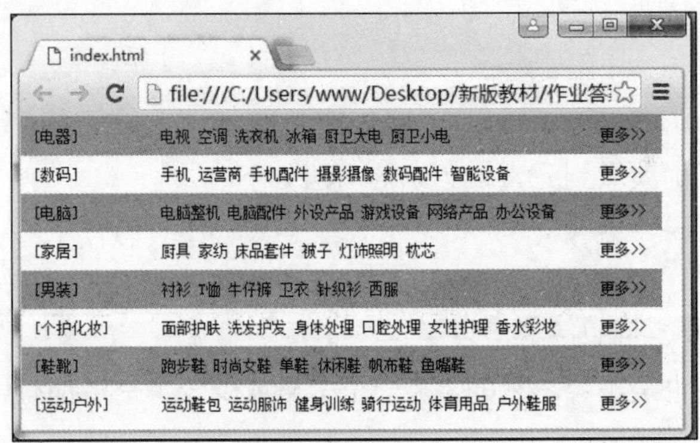

图 2.10　隔行变色

本 章 总 结

- jQuery 提供了丰富的选择器以获取 DOM 元素。
- jQuery 中的基本选择器包括标签选择器、类选择器、ID 选择器、并集选择器、交集选择器和全局选择器。
- 使用 jQuery 的层次选择器可通过 DOM 元素之间的层次关系来获取元素，包括后代元素、子元素、相邻元素和同辈元素。

- 使用属性选择器可通过 HTML 元素的属性来选择元素。
- 使用过滤选择器可通过特定的过滤规则来筛选出所需的 DOM 元素，包括基本过滤选择器和可见性过滤选择器等。
- 编写选择器时要注意特殊符号和空格。

本 章 作 业

1．从下面一段 HTML 文档中，找出获取加粗的元素有哪几种方式，尽量写出各种 jQuery 选择器。

```
<div class="box">
    <ul>
        <li>jQuery 简介</li>
        <li>jQuery 选择器</li>
    </ul>
    <ul>
        <li>jQuery 事件</li>
        <li>jQuery 对象</li>
    </ul>
</div>
```

2．jQuery 的选择器有哪几种类型？

3．运用了 CSS 选择器规则的 jQuery 选择器有哪些？

4．使用 jQuery 选择器时需要注意什么？

5．制作如图 2.11 所示的分享特效页面，单击图片时，显示提示信息；单击提示信息后，该信息隐藏。

图 2.11 信息显示隐藏

jQuery 中的事件与动画

本章简介

JavaScript 内置了一些对用户的交互和其他时间给予响应的方式，例如单击按钮提交表单、打开页面弹出对话框、鼠标指针移过时显示下拉菜单等，都是事件对用户操作的处理。为了使页面具有动态性和响应性，就需要利用这种能力。虽然使用普通的 JavaScript 也可以做到这一点，但 jQuery 增强并扩展了基本的事件处理机制。它不仅提供了更加优雅的事件处理语法，而且也极大地增强了事件处理机制。本章将通过对比 JavaScript 事件来讲解 jQuery 中一些与 JavaScript 中相同的常用事件。

本章任务

- 制作左侧导航特效
- 制作登录框特效
- 制作聚划算主导航
- 制作列表页
- 制作聚美优品我的订单页

本章目标

- 使用常用简单事件制作网页特效
- 使用鼠标事件制作主导航特效
- 使用键盘事件制作表单特效
- 使用 hover()方法制作下拉菜单特效
- 使用鼠标事件及动画制作弹出对话框

Note

预习作业

1. 基础事件都有哪些？
2. 如何才能绑定和移除事件？
3. 如何改变元素的透明度和高度？

3.1 事　　件

$(document).ready()是 jQuery 中响应 JavaScript 内置的 onload 事件并执行任务的一种典型方式。比如，当用户单击某个按钮时会触发该按钮的 click 事件，这些事件就像日常生活中按下开关灯就亮了（或者灭了）。通过种种事件实现各项功能或执行某项操作，在元素对象与功能代码中起着重要的作用。

jQuery 事件可以分为两大类：基础事件和复合事件。jQuery 中的事件与 JavaScript 中的事件一样，都含有 window 事件、鼠标事件、键盘事件和表单事件等；复合事件则是截取组合了用户操作，并且以多个函数作为响应而自定义的处理程序。

3.1.1 基础事件

JavaScript 在事件处理函数中提供了事件对象，帮助处理鼠标和键盘事件。同时还可以修改一些事件的捕获和冒泡流的函数。事件处理分为 3 部分：对象、事件处理函数和函数。

在事件绑定处理函数后，可以通过 DOM 对象.事件名()的方式显示调用处理函数。

在 jQuery 中，基础事件和 JavaScript 中的事件一致，它提供了特有的事件方法将事件和处理函数绑定。表 3.1 列举了一些 jQuery 中典型的事件方法。

表 3.1 jQuery 中典型的事件方法

事　　件	jQuery 中的对应方法	说　　明
单击事件	click(fn)	单击鼠标时发生，fn 表示绑定的函数
按下键盘触发事件	keydown(fn)	按下键盘时发生，fn 表示绑定的函数
失去焦点事件	blur(fn)	失去焦点时发生，fn 表示绑定的函数

下面介绍基础事件的几种类型。

1．window 事件

window 事件就是当用户执行某些会影响浏览器的操作时，而触发的事件。例如，打开网页加载页面时引发的事件处理。在 jQuery 中，常用的 window 事件有文档就绪事件，它对应的方法是 ready()。

2．鼠标事件

鼠标事件就是当用户在文档上移动或单击鼠标时而产生的事件。常用的鼠标事件有 click、mouseover 和 mouseout。常用鼠标事件的方法如表 3.2 所示。

表 3.2　常用鼠标事件的方法

方　　法	描　　述	执行时机
click()	触发或将函数绑定到指定元素的 click 事件	单击鼠标时
mouseover()	触发或将函数绑定到指定元素的 mouseover 事件	鼠标指针移入时
mouseout()	触发或将函数绑定到指定元素的 mouseout 事件	鼠标指针移出时

下面使用 mouseover()方法与 mouseout()方法制作一个主导航特效，如图 3.1 所示。鼠标指针移入时，添加当前导航项的背景，鼠标指针移出时，还原当前导航项的背景样式。

鼠标指针移入时

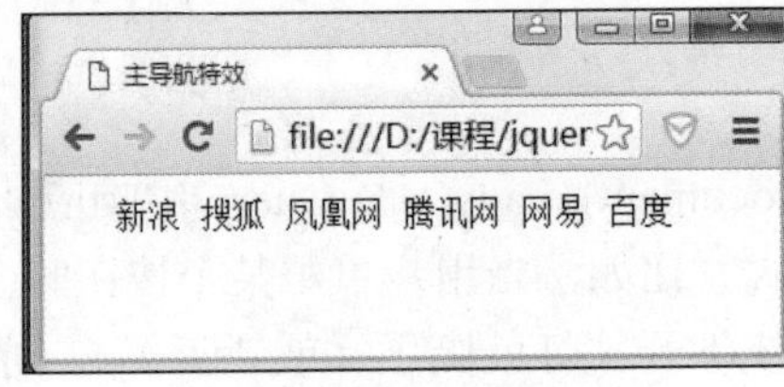

鼠标指针移出时

图 3.1　主导航特效

实现图 3.1 的代码如示例 1 所示。

示例 1：

结构代码：

```
<body>
    <div id="nav">
        <ul>
            <li><a href="#">新浪</a></li>
            <li><a href="#">搜狐</a></li>
            <li><a href="#">凤凰网</a></li>
            <li><a href="#">腾讯网</a></li>
            <li><a href="#">网易</a></li>
            <li><a href="#">百度</a></li>
        </ul>
    </div>
</body>
```

行为代码：

```
<script type="text/javascript">
    $(document).ready(function() {
        $("#nav li").mouseover(function() {        //当鼠标移过#nav li 元素时
            $(this). addClass("heightlight");     //为鼠标所在 li 元素添加样式
        });
        $("#nav li").mouseout(function() {         //当鼠标移出#nav li 元素时
            $(this).removeClass();                 //移除鼠标所在 li 元素的全部样式
        });
    });
</script>
```

在函数的内部，this 代表指向调用这个方法的 DOM 对象，在示例 1 中，this 正好代

表鼠标事件关联的#nav li 元素。

在实际应用中，鼠标事件不仅可以改善用户体验，还常常被用于网站导航、下拉菜单、选项卡、轮播广告等网页组件的交互制作之中。

3. 键盘事件

键盘事件是指用户按下键盘未释放时、单击键盘时和键盘按下再放开时发生的事件，键盘事件有 onkeydown、onkeypress 和 onkeyup 等。

keydown 事件发生在键盘被按下的时候，keyup 是事件发生在键盘被释放的时候。当 keydown 事件产生可打印的字符时，在 keydown 和 keyup 之间会触发另外一个事件——keypress 事件。当按下键重复产生字符时，在 keyup 事件之前可能产生很多 keypress 事件。keypress 是较为高级的文本事件，它的事件对象指定产生的字符，而不是按下的键。

此外，所有浏览器都支持 keydown、keyup 和 keypress 事件。常用键盘事件的方法如表 3.3 所示。

表 3.3 常用键盘事件的方法

方 法	描 述	执行时机
keydown()	触发或将函数绑定到指定元素的 keydown 事件	按下按键时
keyup()	触发或将函数绑定到指定元素的 keyup 事件	释放按键时
keypress()	触发或将函数绑定到指定元素的 keypress 事件	产生可打印的字符时

下面通过制作如图 3.2 所示的页面来实现 keydown、keyup 和 keypress 事件的执行。在该页面中，在密码框中输入内容时将触发 3 个键盘事件，并把发生的事件显示在页面中，另外，按 Enter 键，将弹出“您确定要提交信息吗？”的提示对话框，主要代码如示例 2 所示。

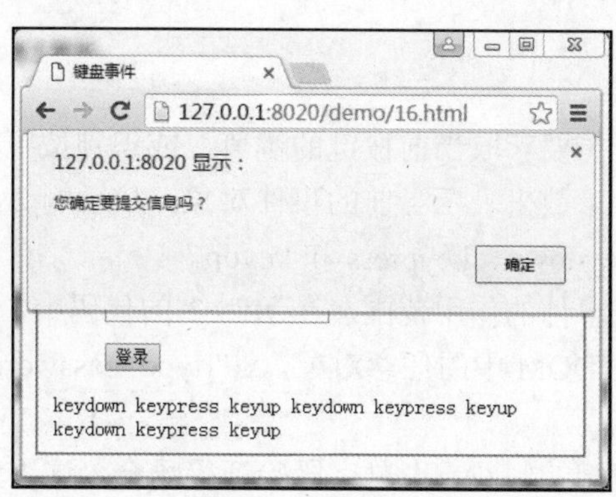

图 3.2 键盘事件

示例 2：

结构代码：

```
<body>
    <fieldset>
        <legend>登录</legend>
        <dl>
            <dt>用户名</dt>
```

Note

```
            <dd><input id="userName" type="text" /></dd>
        </dl>
        <dl>
            <dt>密码</dt>
            <dd><input id="password" type="password" /></dd>
        </dl>
        <dl>
            <dt></dt>
            <dd><input type="submit" value="登录" /></dd>
        </dl>
        <span id="events"></span>
    </fieldset>
</body>
```

行为代码：

```
<script type="text/javascript">
    $(document).ready(function () {
        $("[type=password]").keyup(function () {
            $("#events").append("keyup");
        }).keydown(function (e) {
            $("#events").append("keydown");
        }).keypress(function () {
            $("#events").append("keypress");
        });
        $(document).keydown(function (event) {
            if (event.keyCode =="13") {                    //按 Enter 键
                alert("您确定要提交信息吗？");
            }
        });
    });
</script>
```

在键盘事件方法中，想要获取当前按键的键值，或识别按下了哪个键，都需要注意，所用的方法中要定义一个参数来表示当前的事件对象。从示例 2 中可以看出，这 3 个键盘事件的执行顺序依次是 keydown、keypress 和 keyup。

应用的时候需要注意事件的作用范围。在示例 2 的代码中，$(document).keydown()表示键盘事件作用于 HTML DOM 中的任意对象，$("[type=password]").keyup()表示键盘事件只对密码框起作用。

键盘事件常用于快捷键的判断、表单字段验证等场合，这里只需要理解键盘事件触发的时机，能够制作一些简单的特效就可以了。

4. 表单事件

表单事件是除了用户选取单选框、复选框产生的 click 事件外（当元素获得焦点时，会触发 focus 事件，失去焦点时，会触发 blur 事件），同时，它也是所有事件类型中最稳定，且支持最稳定的事件之一。常用表单事件的方法如表 3.4 所示。

表 3.4　常用表单事件的方法

方　　法	描　　述	执 行 时 机
focus()	触发或将函数绑定到指定元素的 focus 事件	获得焦点
blur()	触发或将函数绑定到指定元素的 blur 事件	失去焦点

下面使用 focus()方法与 blur()方法，制作一个如图 3.3 所示的表单交互特效。需完成的效果是："用户名"文本框获得焦点时，背景颜色为#BEE7FC；文本框失去焦点时，背景颜色的色值为#FFF。

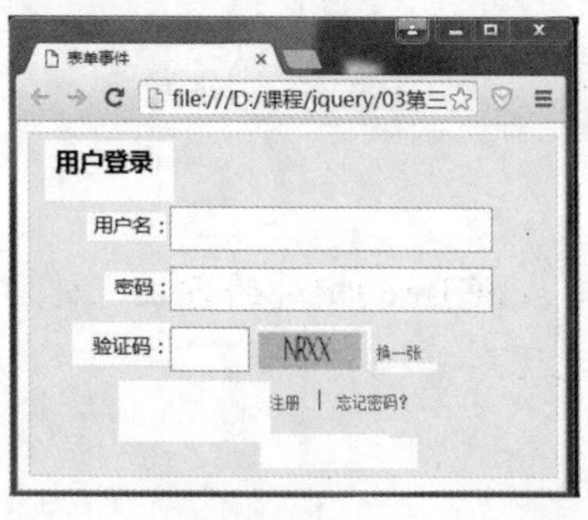

获得焦点前

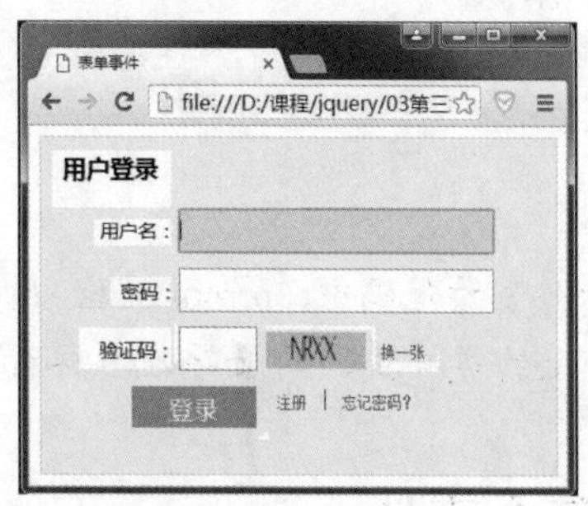

失去焦点时

图 3.3　登录框特效

示例 3：

结构代码：

```
<body>
    <div id="login">
        <fieldset>
            <legend>用户登录</legend>
            <p>
                <label>用户名：</label>
                <input name="member" type="text" />
            </p>
            <p>
                <label>密码：</label>
                <input name="password" type="text" />
            </p>
            <p>
                <label>验证码：</label>
                <input name="code" type="text" class="code" />
                <img src="images/code.jpg" width="80" height="30" /><a href="#">换一张</a>
            </p>
            <p>
                 <input name="" type="button" class="btn" value="登录" />
                 <a href="#">注册</a><span>|</span><a href="#">忘记密码？</a>
            </p>
        </fieldset>
    </div>
</body>
```

行为代码：

```
<script type="text/javascript">
    $(document).ready(function () {
        $("[name=member]").focus(function(){
            $(this).addClass("input_focus");
        });
        $("[name=member]").blur(function(){
            $(this).removeClass("input_focus");
        });
    });
</script>
```

Note

注意

在示例 3 的代码中，removeClass()是一个与 addClass()相对的方法，作用是移除添加在元素上的类样式，两者导入类样式的语法无区别。

3.1.2 复合事件

jQuery 中的多数事件处理方法都会直接响应 JavaScript 的本地事件。但是，也有少数出于跨浏览器优化和方便性考虑而添加的自定义处理程序。hover()方法就是自定义的事件处理程序。由于它是截取组合的用户操作，并且以多个函数作为响应，因此被称为复合事件处理程序。

hover()方法

在 jQuery 中，hover()方法可以接受两个函数参数。第一个函数会在鼠标指针进入被选择的元素时执行，而第二个函数会在鼠标指针离开该元素时触发。该方法相当于 mouseover 与 mouseout 事件的组合。其语法格式如下：

```
hover(enter,leave);
```

下面使用 hover()方法实现如图 3.4 所示的效果。要求鼠标指针移到“我的 1 号店”时，显示下拉菜单。

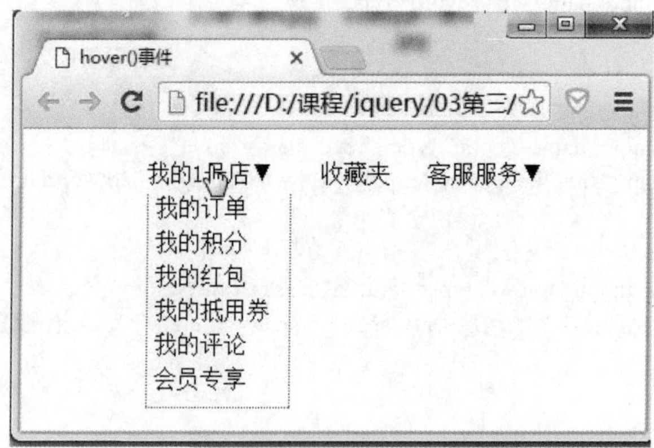

图 3.4　使用 hover()方法实现下拉菜单

其 jQuery 代码如下所示。

示例 4：

行为代码：

```
<script type="text/javascript">
    $(document).ready(function() {
        $("#myaccound").hover(function(){
            $("#menu_1").css("display","block");
        },
        function(){
            $("#menu_1").css("display","none");
        }
    });
</script>
```

3.2　绑定事件与移除事件

jQuery 的基础事件还包括绑定事件与移除事件，它们主要用于绑定或移除其他基础事件，如 click、mouseover、mouseout 和 blur 等，同时，也可以绑定或移除自定义事件。

在需要为匹配的元素一次性绑定或移除一个或多个事件时，可以使用绑定事件方法 bind()和移除事件方法 unbind()。

3.2.1　绑定事件

在 jQuery 中，如果需要为匹配的元素同时绑定一个或多个事件，可以使用 bind()方法，其语法格式如下：

```
bind(type,[data],fn)
```

bind()方法有 3 个参数，其中参数 data 不是必需的，详细说明如表 3.5 所示。

表 3.5　bind()方法的参数说明

参数类型	参数含义	描　述
type	事件类型	主要包括 blur、focus、click、mouseout 等基础事件，此外，还可以是自定义事件
[data]	可选参数	作为 event.data 属性值传递给事件对象的额外数据对象
fn	处理函数	用于绑定的处理函数

1. 绑定单个事件

可以使用 click()或 bind()来完成单击按钮，为所有<p>元素添加#F30 的背景色。下面就使用 bind()的方法来实现这个功能，代码如示例 5 所示。

示例 5：

结构代码：

Note

```
<body>
    <h1>嫣然天使基金</h1>
    <h2>简介</h2>
    <p>嫣然天使基金是由李亚鹏、王菲倡导发起的，在中国红十字基金会的支持和管理下设立的专项公益基金，2006 年 11 月 21 日正式启动</p>
    <h2>主题曲</h2>
    <p>《爱笑的天使》是王菲在大陆发行的专辑，其中收录了三首歌曲，分别是《心经》，《金刚经》和《爱笑的天使》。在由王菲、李亚鹏发起的嫣然天使基金会 2009 慈善晚宴上首次亮相，该专辑是为了慈善事业所发行的。</p>
    <h2>荣誉奖项</h2>
    <ul>
        <li>特别爱心奖</li>
        <li>年度艺术慈善奖</li>
        <li>慈善明星奖</li>
    </ul>
    <input name="event_1" type="button" value="绑定单个事件" />
</body>
```

行为代码：

```
<script type="text/javascript">
    $(document).ready(function() {
        $("input[name=event_1]").bind("click",function() {
            $("p").css("background-color","#F30");
        });
    });
</script>
```

其运行效果如图 3.5 所示。

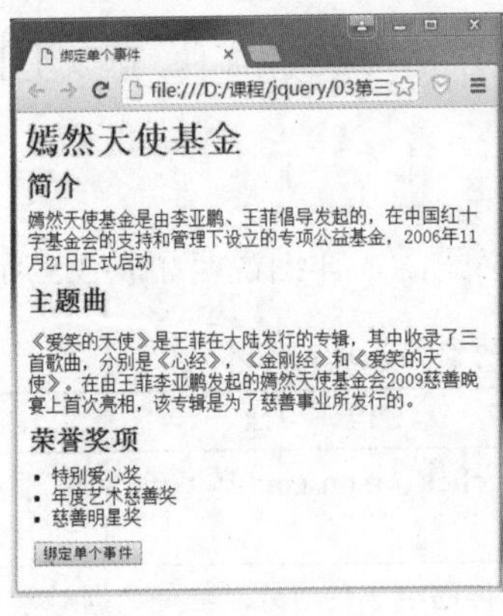

单个事件初始

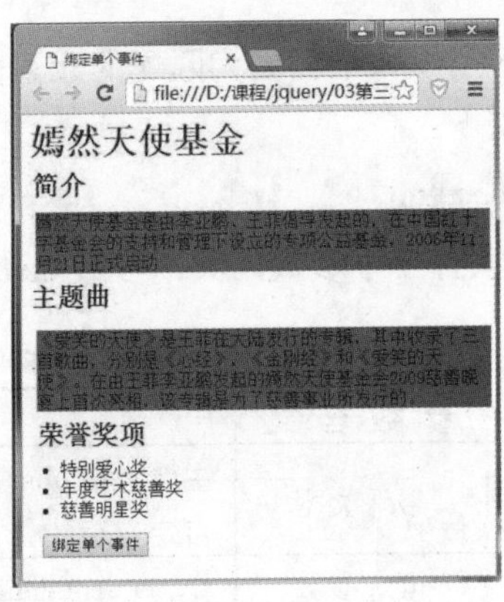

单个事件响应

图 3.5　单个事件

2. 同时绑定多个事件

使用 bind()方法除了可以一次绑定一个事件，还可以同时绑定多个事件。下面使用 bind()方法为匹配的元素同时绑定多个事件。仍旧使用示例 5 的 HTML 代码，仅将按钮的 value 属性值改为“绑定多个事件”，要求鼠标移过按钮时，隐藏“荣誉奖项”下的无序列表；鼠标移到按钮时，显示该无序列表，关键代码如下所示。

Note

行为代码：

```
<script type="text/javascript">
    $(document).ready(function () {
        $("input[name=event_1]").bind({
            mouseover: function () {
                $("ul").css("display", "none");
            },
            mouseout: function () {
                $("ul").css("display", "block");
            }
        });
    });
</script>
```

其运行效果如图 3.6 所示。

初始状态

单击绑定多个事件

图 3.6　绑定多个事件

3.2.2　移除事件

由于移除事件和绑定事件是相对的，所以在 jQuery 中为了匹配移除单个或多个事件，可以使用 unbind()的方法。其语法格式如下：

```
unbind([type],[fn])
```

unbind()方法有两个参数，这两个参数不是必需的。当 unbind()不带参数时，表示移除所绑定的全部事件。详细说明如表 3.6 所示。

表 3.6　unbind()方法的参数说明

参数类型	参数含义	描　述
[type]	事件类型	主要包括 blur、focus、click、mouseout 等基础事件，此外，还可以是自定义事件
[fn]	处理函数	用来解除绑定的处理函数

3.3 动　　画

Note

通过 jQuery，不仅能够轻松地为页面操作添加简单的视觉效果，还能创建出更为精致的动画。jQuery 可以增添艺术性，当一个元素缓缓地进入视野，要比突然出现在视野里好得多。当页面发生变化时，效果是吸引用户注意力的主要原因。通过吸引用户，会增强页面的可用性（在 AJAX 应用程序中尤其常见）。

3.3.1　控制元素显示和隐藏

基本的.hide()和.show()方法不带任何参数。可以把它们想象成类似.css('display','string')方法的简写方式，其中 string 是适当的显示值。不错，这两个方法的作用就是立即隐藏或显示匹配的元素集合，不带任何动画效果。

1. 控制元素显示

在 jQuery 中，show()方法控制元素的显示，它会将匹配的元素集合的 display 属性恢复为应用 display:none 之前。在不设置时间的情况下，show()等同于$(selector).css("display", "block")。它除了控制元素的显示以外，还可以定义显示元素时的显示速度。show()的语法格式如下。

```
$(selector).show([speed],[callback])
```

show()的参数说明如表 3.7 所示。

表 3.7　show()的参数说明

参　数	描　述
speed	可选。规定元素从隐藏到完全可见的速度，默认为 0 可能值：毫秒（如 1000）、slow、normal、fast 在设置速度的情况下，元素从隐藏到完全可见的过程中，会逐渐地改变高度、宽度、外边距、内边距和透明度
callback	可选。show 函数执行完之后，要执行的函数

下面制作如图 3.7 所示的页面。要求单击“删除”链接时，隐藏的 div 以 show 为“slow”的速度来显示。

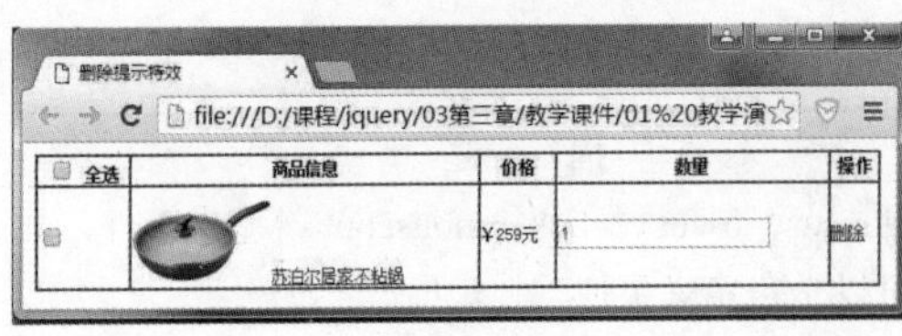

初始状态

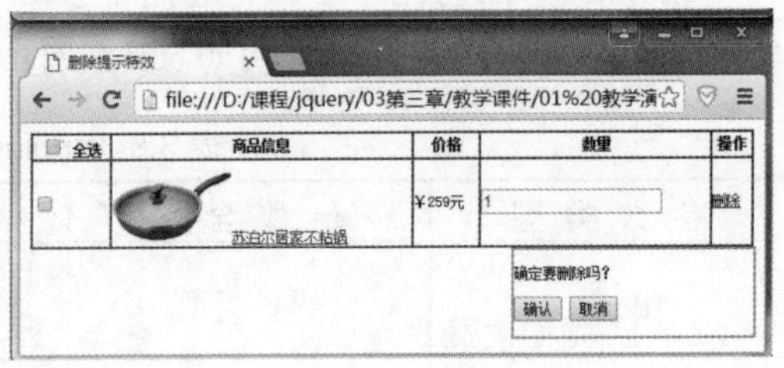

单击删除以后

图 3.7　元素显示

其关键代码如示例 6 所示。

示例 6：

结构代码：

```
<body>
    <div id="cart">
        <table width="600" border="1" cellpadding="0" cellspacing="0">
            <tr>
                <th><input type="checkbox"/> 全选</th>
                <th>商品信息</th>
                <th>价格</th>
                <th>数量</th>
                <th>操作</th>
            </tr>
            <tr>
                <td><input type="checkbox" /></td>
                <td><img  src="images/004.jpg"  width="100px"/><a  href="#">苏泊尔居家不粘锅
</a></td>
                <td>￥259 元</td>
                <td><input type="text" value="1"/></td>
                <td><a href="#" id="del">删除</a></td>
            </tr>
        </table>
        <div class="tipsbox" style="display:none;">
            <p>确定要删除吗？</p>
            <p>
                <input name="confirm" type="button" value="确认" class="btns" />
                <input name="cancel" type="button" value="取消" class="btns" />
            </p>
        </div>
    </div>
</body>
```

行为代码：

```
<script type="text/javascript">
    $(document).ready(function() {
        $("#del").click(function() {
            $(".tipsbox").show("slow");
        });
        $("input[name=cancel]").click(function() {
            $(".tipsbox").hide("fast");
        });
    });
</script>
```

2. 控制元素隐藏

与 show()方法对应的是 hide()方法，该方法可以控制元素隐藏。hide()方法会将匹配的元素集合的内联 style 属性设置成 display:none。但它的优点是，它能够在把 display 的值变

成 none 之前，记住原先的 display 值，通常是 block 或 inline。hide()方法等同于$(selector).css("display","none")，它除了可以控制元素的隐藏以外，还可以定义隐藏元素时的隐藏速度。hide()方法的语法格式如下：

```
$(selector).hide([speed],[callback])
```

其参数设置方式与 show()方法相同。

多数情况下，hide()方法与 show()方法总是放在一起使用，如选项卡、下拉菜单、提示信息等。下面在前面示例 6 的基础上，制作单击"取消"按钮时，隐藏的 div 以 show 为("fast")的速度显示。

其 jQuery 代码如下：

```
$(document).ready(function() {
    $("#del").click(function() {
        $(".tipsbox").show("slow");
    });
    $("input[name=cancel]").click(function() {
        $(".tipsbox").hide("fast");
    });
});
```

最终得到的效果如图 3.7 所示。

3.3.2 改变元素透明度

虽然使用.show()和.hide()方法在某种程度上可以创造漂亮的效果，但其效果有时候也可能会显得比较过分。考虑到这一点，jQuery 还提供了两个更为精细的内置动画方法。如果想在显示整个段落时，只是改变其透明度，那么可以使用.fadeIn()和.fadeOut()两个方法。

1. 控制元素淡入

在 jQuery 中，如果元素是隐藏的，可以使用 fadeIn()方法控制元素淡入，它可以定义元素淡入时效果的显示速度。fadeIn()方法的语法格式如下：

```
$(selector).fadeIn([speed],[callback])
```

fadeIn()方法的参数说明如表 3.8 所示。

表 3.8　fadeIn()方法的参数说明

参　　数	描　　述
speed	可选。规定元素从隐藏到完全可见的速度。默认为 0 可能值：毫秒（如 1000）、slow、normal、fast 在设置速度的情况下，元素从隐藏到完全可见的过程中会逐渐地改变其透明度，给视觉淡入的效果
callback	可选。fadeIn 函数执行完成之后，要执行的函数 除非设置了 speed 参数，否则不能设置该参数

下面制作如图 3.8 所示的页面。要求单击"淡入"按钮时，以"slow"显示图片。

Note

图 3.8　元素淡入

其代码如示例 7 所示。

示例 7：

结构代码：

```
<body>
    <img src="images/fade.jpg"   style="display:none;" />
    <input name="fadein_btn" type="button" value="淡入" />
    <input name="fadeout_btn" type="button" value="淡出" />
</body>
```

行为代码：

```
<script type="text/javascript">
    $(document).ready(function() {
        $("input[name=fadein_btn]").click(function(){
            $("img").fadeIn("slow");
        });
    });
</script>
```

2. 控制元素淡出

与 fadeIn()方法对应的是 fadeOut()方法，用于控制元素淡出以及元素淡出时显示元素淡出速度。fadeOut()方法的语法格式如下：

```
$(selector).fadeOut([speed],[callback])
```

其参数设置方式与 fadeIn()方法相同。

在实际应用中，fadeIn()方法与 fadeOut()方法常在网页中为轮播广告、菜单、信息提示框等制作动画效果。在图 3.8 的基础上增加“淡出”按钮，并使用 fadeOut()方法制作淡出效果，设置图片以 1000 毫秒的速度淡出页面。其 jQuery 代码如下：

```
$(document).ready(function() {
    $("input[name=fadein_btn]").click(function(){
        $("img").fadeIn("slow");
    });
```

```
        $("input[name=fadeout_btn]").click(function(){
            $("img").fadeOut(1000);
        });
});
```

Note

运行效果如图 3.9 所示。

图 3.9　淡出

3.3.3　改变元素高度

改变元素高度的方法是 slideUp()和 slideDown()。当调用 slideDown()方法时，若元素的 display 属性值为 none，这个元素会从上向下延伸显示，而 slideUp()方法正好相反，元素从下到上缩短直至隐藏。

使用 slideUp()方法与 slideDown()方法制作如图 3.10 所示的效果。单击“小王子”标题时，相关的文字说明先缓慢向上收起，再缓慢向下展开。

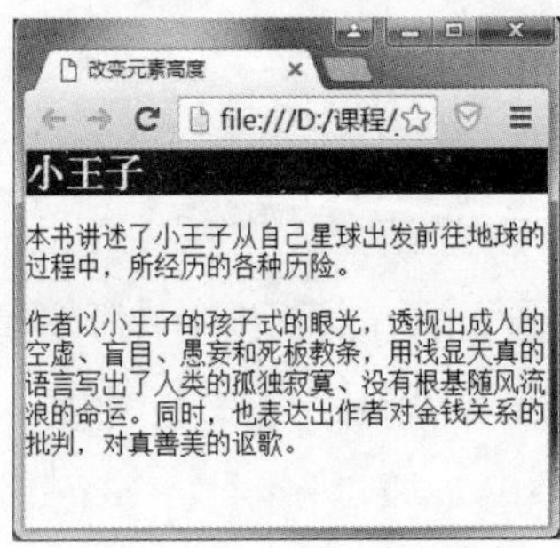

图 3.10　改变元素高度

其代码如示例 8 所示。

示例 8：

结构代码：

```
<body>
    <div id="box">
        <h2>小王子</h2>
```

```
            <div class="txt">
                <p>本书讲述了小王子从自己星球出发前往地球的过程中，所经历的各种历险。</p>
                <p>作者以小王子的孩子式的眼光，透视出成人的空虚、盲目、愚妄和死板教条，用浅显天真的语言写出了人类的孤独寂寞、没有根基随风流浪的命运。同时，也表达出作者对金钱关系的批判，对真善美的讴歌。</p>
            </div>
        </div>
    </body>
```

行为代码：

```
<script type="text/javascript">
    $(document).ready(function() {
        $("h2").click(function(){
            $(".txt").slideUp("slow");
            $(".txt").slideDown("slow");
        });
    });
</script>
```

注意

jQuery 中的所有动画效果，都可以设置 3 种速度参数，即 slow、normal 和 fast（三者对应的时间分别为 0.6 秒、0.4 秒和 0.2 秒）。

技 能 训 练

实战案例 1：左导航特效

需求描述

制作某页面的左导航特效。要求初始状态下，只显示“我的淘宝”主菜单，单击“我的淘宝”选项后，显示其下的列表内容，鼠标指针移动到子菜单上时，子菜单添加上背景色，如图 3.11 所示。

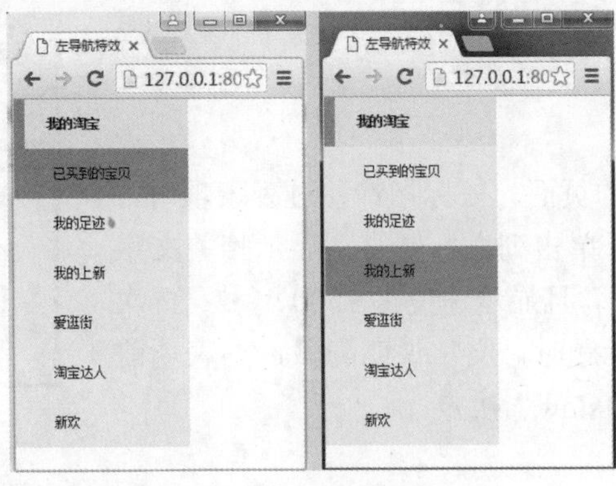

图 3.11 左侧导航特效图

实战案例 2：制作登录框特效

需求描述

实现如图 3.12 所示的页面。文本框获得焦点时，文本框边框的显示效果（颜色）改变。

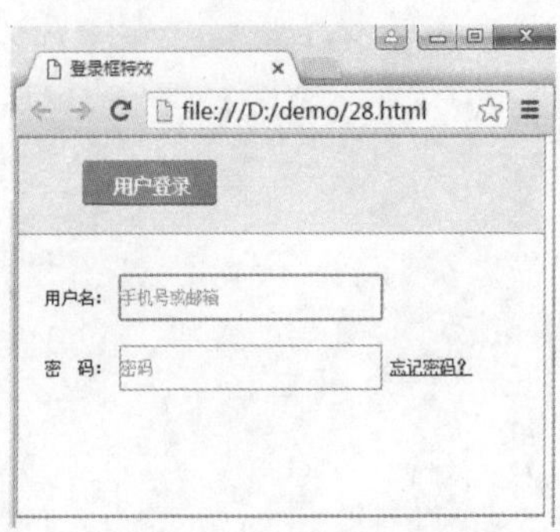

图 3.12　登录框特效

实战案例 3：制作聚划算主导航

需求描述

制作如图 3.13 和图 3.14 所示的功能效果。鼠标指针移过导航项时，鼠标指针所处的导航项改变背景图像。

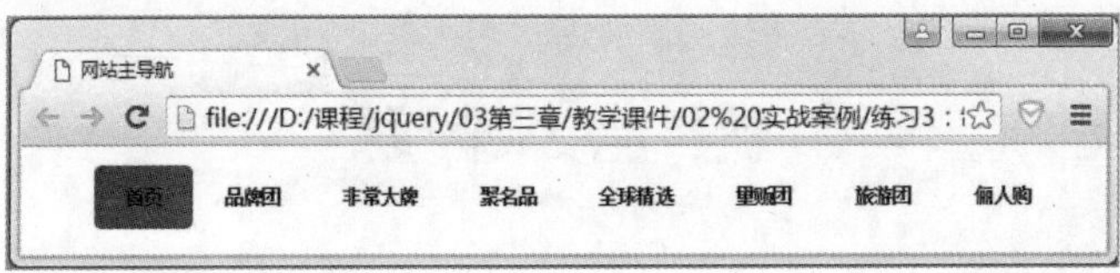

图 3.13　鼠标指针移到首页

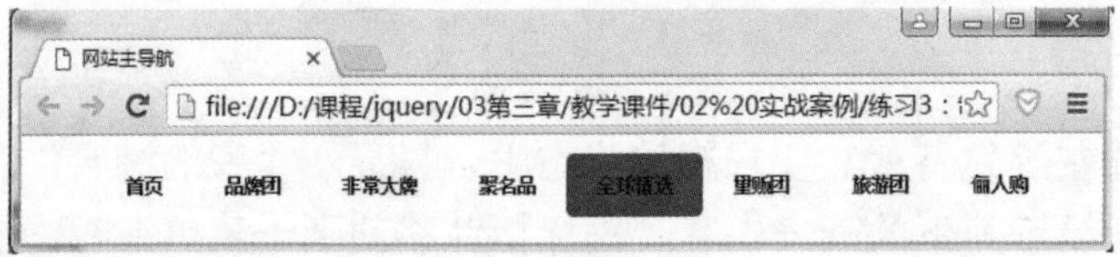

图 3.14　鼠标移过导航项

实战案例 4：制作列表页

需求描述

制作如图 3.15 所示的页面。鼠标指针移过列表项时，背景变为红色圆角矩形，单击列表标题时，显示相关文字说明，列表项前的+变为-，且显示速度为 1500 毫秒；再次单击有展开项的列表项标题时，文字说明隐藏，列表项前的-变为+，隐藏速度由“slow”决定。

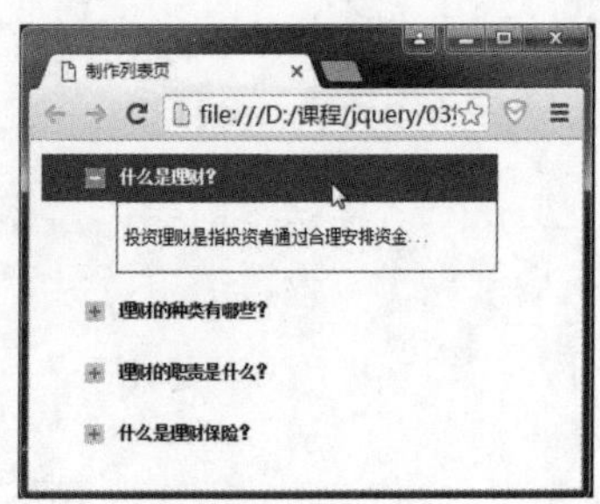

图 3.15　列表页

实战案例 5：聚美优品我的订单页

需求描述

（1）鼠标指针移到“更多”菜单时，出现如图 3.16 所示的下拉菜单，鼠标指针移出时，下拉菜单隐藏。

（2）单击“全部订单”选项卡，显示其下相关内容，如图 3.16 所示；单击“等待付款”选项卡，显示其下相关内容。切换显示其下相关内容时，以速度为 1800 毫秒进行淡入显示，如图 3.17 所示。

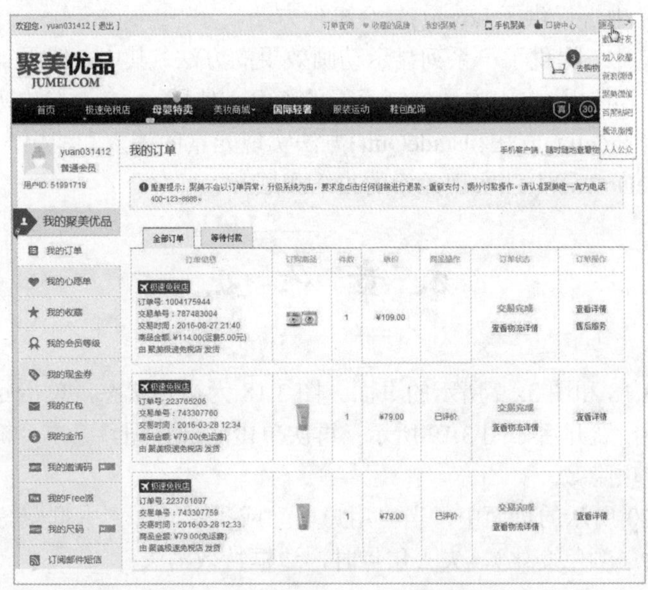

图 3.16 “全部订单”选项卡页面

图 3.17 “等待付款”选项卡

本章总结

- 在 jQuery 中，提供了 click()等一系列基础事件绑定方法，支持 window 事件、鼠标事件、键盘事件和表单事件等基础事件的绑定。
- 使用 bind()方法可以一次性绑定一个或多个事件处理方法，使用 unbind()方法可以移除事件绑定。
- 在 jQuery 中，提供了 hover()复合事件方法。
- 在 jQuery 中，提供了一系列显示动画效果的方法。其中，使用 show()方法控制元素的显示，使用 hide()方法控制元素的隐藏，使用 toggle()方法切换元素的可见状态，使用 fadeIn()方法和 fadeOut()方法实现元素的淡入和淡出，使用 slideUp()方法和 slideDown()方法实现元素的收缩和展开。

本章作业

1. 制作如图 3.18 和图 3.19 所示的页面。图 3.18 为初始状态，单击底部下拉按钮时，隐藏的菜单项展开，展开后如图 3.19 所示；再次单击底部按钮，菜单“箱包、鞋靴、户外运动”以下的导航项隐藏。

2. 在如图 3.20 所示的页面中，当“用户名”或“密码”文本框获得焦点时，各自文本框出现边框特效（颜色变化），失去焦点时，边框特效消失。

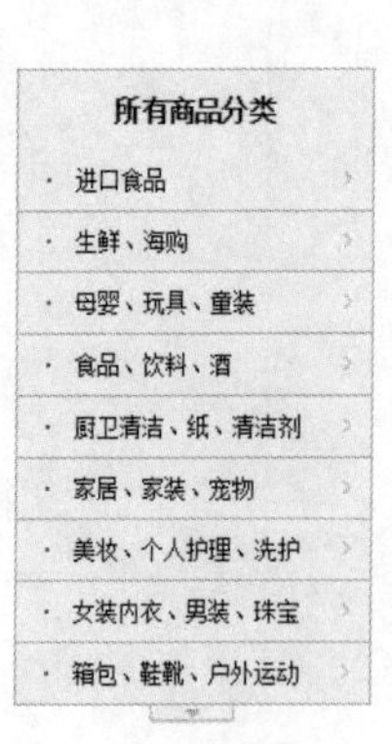

图 3.18 隐藏的菜单初始状态

图 3.19 展开隐藏的菜单项

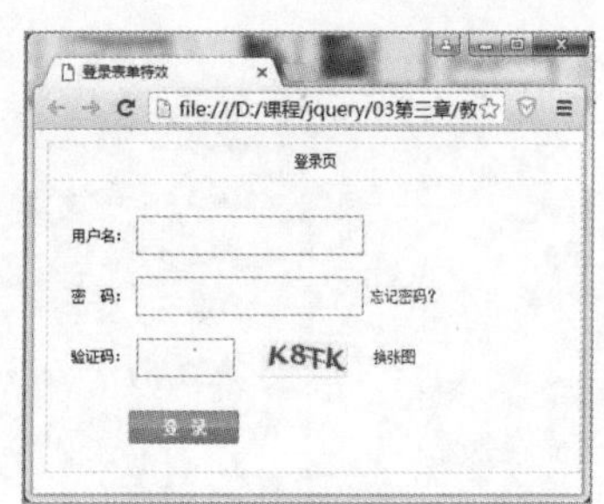

图 3.20 登录表单初始页面

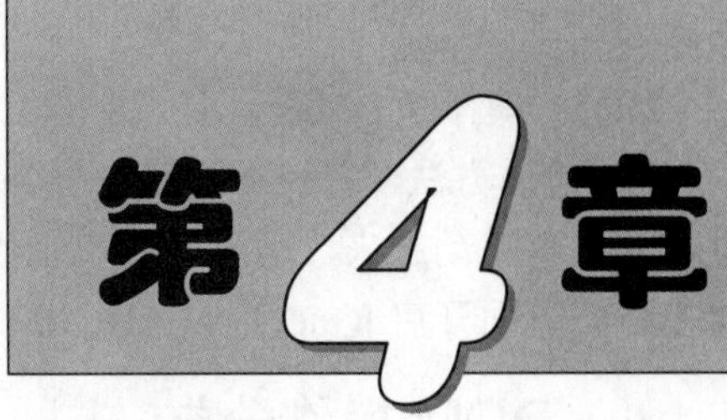

使用 jQuery 操作 DOM

本章简介

DOM 为文档提供了一种结构化的表示方式，通过操作 DOM 可以改变文档（如 HTML、XML 等）的内容和表现形式。在实际运用中，DOM 更像是一座桥梁，通过它可以实现跨平台、跨语言的标准访问。

本章任务

- 制作今日团购模块
- 制作 1 号店登录框特效
- 制作员工信息模块

本章目标

- 使用 jQuery 操作 CSS 样式
- 使用 jQuery 操作文本和属性值内容
- 使用 jQuery 操作 DOM 节点
- 使用 jQuery 遍历 DOM 节点

预习作业

1. DOM 操作分为哪些类型？
2. 简述 remove()方法与 empty()方法的异同。
3. 简述 parent()方法与 parents()方法的异同。

4.1　DOM 操作

Note

DOM 操作是 jQuery 中一个非常重要的组成部分。jQuery 提供了一系列强有力的对 DOM 的操作方法，它们不仅使传统 JavaScript 代码简化了，还解决了浏览器兼容问题，让页面元素真正动起来，动态地增减修改数据，令用户与计算机交互更加便捷，交互形式更加多样。下面开启 jQuery 操作 DOM 的神奇之旅。

4.1.1　DOM 操作分类

通常 DOM 操作分为 3 类——DOM Core（核心）、HTML-DOM 和 CSS-DOM。

1. DOM Core

DOM Core 是任何一种支持 DOM 的编程语言，可以用作处理使用标记语言编写出来的文档（如 HTML）。

JavaScript 中的 getElementById()、getElementsByTagName()等方法就是 DOM Core 的组成部分。例如，使用 document. getElementById("box")可获取页面中 ID 名为 box 的元素。

2. HTML-DOM

HTML-DOM 出现得比较早，它提供了许多简明的标记来描述各种 HTML 元素的属性，如 document.forms 获取表单对象。在使用 JavaScript 和 DOM 编写 HTML 脚本时，有许多专属于 HTML-DOM 的属性。

想要获取 DOM 模型中的某些对象、属性，既可以使用 DOM Core 实现，也可以使用 HTML-DOM 实现。相对于 DOM Core 获取对象、属性而言，使用 HTML-DOM 时，代码较为简洁、易懂，只是范围没有 DOM Core 广泛，只适用于处理 HTML 文档。

3. CSS-DOM

在 JavaScript 中，CSS-DOM 技术的主要作用是获取和设置 style 对象的各种属性，也就是 CSS 属性。通过改变 style 对象的各种属性，可以使网页呈现出各种不同的效果，如 element.style.color="blue"，就可以设置文本的颜色为蓝色。

jQuery 作为 JavaScript 程序库，继承并优化了 JavaScript 对 DOM 对象的操作特性，使开发人员能方便快捷地操作 DOM 对象。

4.1.2　jQuery 中的 DOM 操作

jQuery 主要可分为样式操作、内容操作、节点操作，节点操作中又包含节点本身的操作、属性操作、节点遍历和 CSS-DOM 操作。其中最核心的部分是节点操作和节点遍历。

如图 4.1 所示的 jQuery 中的 DOM 操作分类，可以清晰准确地展示 jQuery 中的 DOM 操作。

Note

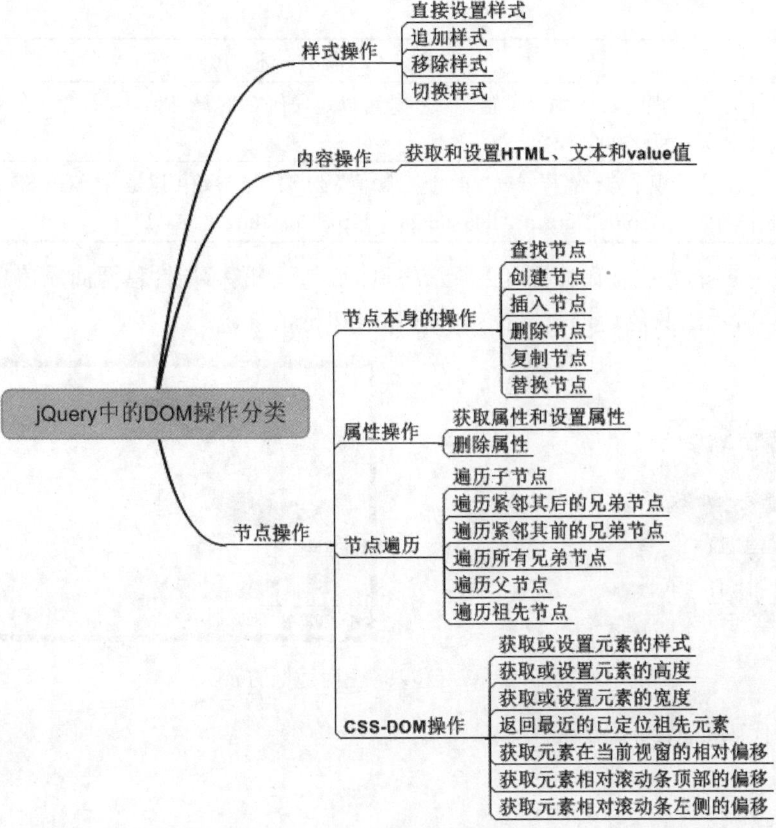

图 4.1　jQuery 中的 DOM 操作

4.2　样式操作

jQuery 不仅对 CSS 样式表有着良好的支持，而且对浏览器也有着良好的兼容性。

在 jQuery 中，对元素的样式操作主要有直接设置样式、追加样式、移除样式和切换样式 4 种方法。

4.2.1　直接设置样式

在 jQuery 中，可以使用 css()方法为指定的元素设置样式值。其语法格式如下：

```
css(name,value);                                    //设置单个属性
css({name:value, name:value,name:value…});          //同时设置多个属性
```

css()方法的参数说明如表 4.1 所示。

表 4.1　css()方法的参数说明

参　数	描　述
name	必需。规定 CSS 属性的名称。该参数可以是任何 CSS 属性。 例如，font-size、background 等

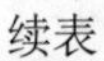

续表

Note

参　数	描　述
Value	必需。规定 CSS 属性的值。该参数可以是任何 CSS 属性值。 例如，#000000、24px 等
name:value	必需。规定要设置样式属性的“名称:值”对象。该参数可以是若干对 CSS 属性名称:值。 例如，{"color":"green","line-height":"12px","padding":"5px"}

下面使用 css()方法制作如图 4.2 所示的页面，要求鼠标指针移至商品信息时，出现如图 4.2（右）所示的灰色边框，鼠标指针移出时边框消失。

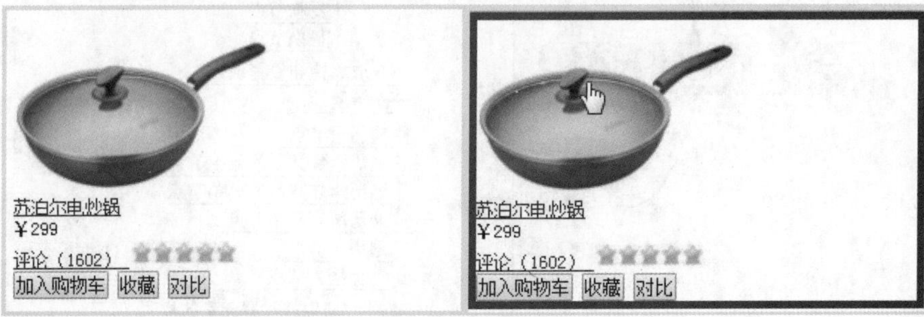

图 4.2　鼠标移入移出时边框的显隐

其关键代码如示例 1 所示。

示例 1：

结构代码：

```
<body>
    <dl>
        <dt><img src="images/004.jpg" width="170"/></dt>
        <dd><a href="#">苏泊尔电炒锅</a></dd>
        <dd class="price">￥299</dd>
        <dd><span><a href="#">评论（1602）</a></span><img src="images/comment.gif" width="84"
height="17" /></dd>
        <dd>
            <input name="" type="button" value="加入购物车" class="btn_long" />
            <input name="" type="button" value="收藏" class="btn_short" />
            <input name="" type="button" value="对比" class="btn_short" />
        </dd>
    </dl>
</body>
```

行为代码：

```
<script type="text/javascript">
    $(document).ready(function(){
        $("dl").mouseover(function() {
            $(this).css({"border":"5px solid #333","cursor":"pointer"});
        });
        $("dl").mouseout(function() {
            $(this).css({"border":"5px solid #fff"});
```

```
        });
    });
</script>
```

注意

如果样式值是数字，将会被自动转化为像素值。如 css("font-size","12")，该语句中代表的是字体大小为 12px。

可以使用 opacity 属性来设置元素的透明度，jQuery 已经对该属性在浏览器中产生的影响进行了处理，为保证在各个浏览器平台都能正常显示。若想让上面的<dl>在鼠标指针移过时元素呈半透明显示，则只需在上述 jQuery 代码中添加加粗样式的代码即可，代码如下所示。

```
$(this).css({"border":"5px solid #f5f5f5","opacity":"0.5"});
```

其运行效果如图 4.3 所示。

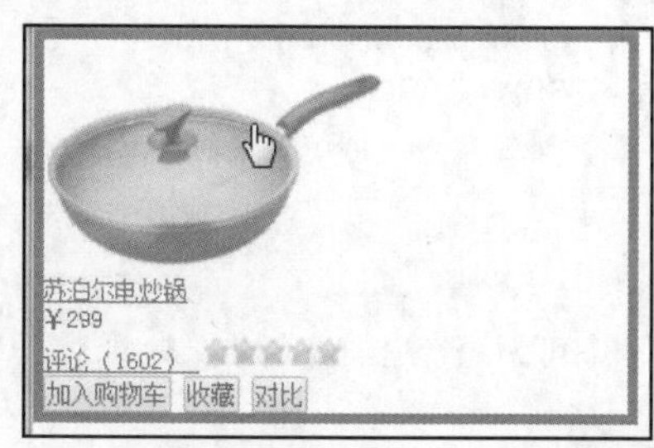

图 4.3　使用 css()方法设置元素透明度

注意

如果想改变鼠标指针移过元素的外观，可以使用 CSS 中的 cursor 属性进行设置，将其属性值设置为 pointer 即可。

4.2.2　追加样式和移除样式

1. 追加样式

除了使用 css()方法可以为元素添加样式外，还可以使用 addClass()方法为元素追加类样式。其语法格式如下：

```
addClass(class)
```

其中，class 为类样式的名称，可以增加多个样式名，各个类样式之间以空格隔开即可。其语法格式如下：

```
addClass(class1 class2 … classN)
```

下面使用 addClass(class1 class2 ... classN)为<h2>元素追加样式，实现如图 4.4 所示的效果。

Note

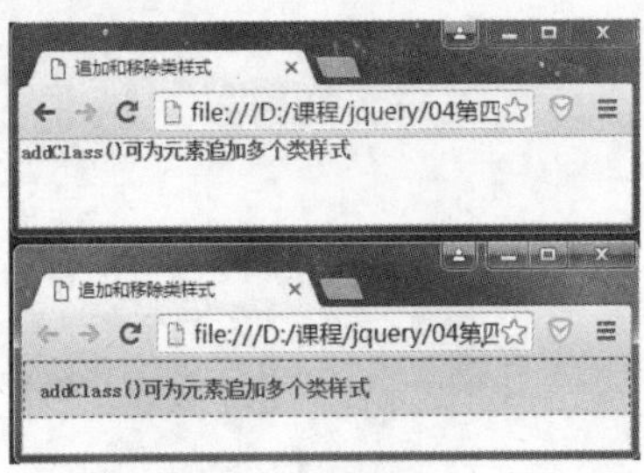

图 4.4　追加类样式

其代码如示例 2 所示。

示例 2：

样式代码：

```
<style type="text/css">
    *{margin:0px;padding:0px;font-size:12px;}
    .style1 {font-size:14px; color:#03F; }
    .style2 {background-color:#FFFF00; padding:10px; }
    .style3 {border:1px dashed #333; }
</style>
```

结构代码：

```
<body>
    <h2 class="style1">addClass()可为元素追加多个类样式</h2>
</body>
```

行为代码：

```
<script type="text/javascript">
    $(document).ready(function(){
        $("h2").click(function() {
            $(this).addClass("style2 style3");
        });
    });
</script>
```

注意

addClass()方法仅仅可以追加类样式，即它依旧保存原有的类样式，在此基础上追加新样式，如代码<p>，执行代码$("p").addClass("style2 style3")之后，代码会变成<p class="style1 style2 style3">，仍然保留原有类样式 style1，仅是新增了类样式 style2 和 style3。

addClass()方法仅仅可以追加类样式，是在它原有的基础上追加新的样式。如代码<h2>，执行代码$("h2").addClass("style2 style3")之后，代码会变成<h2 class="style1 style2 style3">，仍然保留原有类样式 style1，仅是新增了类样式 style2 和 style3 而已。

在为元素添加 CSS 样式时，addClass()更为常用一些，因为使用 addClass()添加样式，更加符合 W3C 规范中“结构与样式分离”的准则。

2. 移除样式

在 jQuery 中，与 addClass()方法相对应的方法是移除样式方法 removeClass()，其语法格式如下。

```
removeClass(class);                          //移除单个样式
removeClass(class1 class2 … classN);        //移除多个样式
```

其中，参数 class 为类样式名称，该名称是可选的，当选某类样式名称时，则移除该类样式，要移除多个类样式时，与 addClass()方法语法相似，每个类样式之间用空格隔开。依旧使用示例 2 代码，若要在鼠标移出时，移除<h2 class="style1 style2 style3">中的类样式 style2 或同时移除类样式 style1 和 style2，可以使用 removeClass 方法，调整 jQuery 代码。

```
$(document).ready(function() {
    $("h2").click(function() {
        $(this).addClass("style2 style3");
    });
    $("h2").mouseout(function() {
        $(this).removeClass("style1 style2");
    });
});
```

其运行结果如图 4.5 所示。

图 4.5　移除类样式 style1 和 style2 后

4.2.3　切换样式

在 jQuery 中，可以使用 toggleClass()方法切换不同元素的类样式。其语法格式如下：

```
toggleClass(class);
```

其中，参数 class 为类样式的名称。其功能是当元素中含有名称为 class 的 CSS 类样式时，删除该类样式；否则增加一个该名称的类样式。使用 toggleClass()方法编写如图 4.6 所示的页面，单击鼠标轮流切换二级导航项的 CSS 样式。

图 4.6　二级导航特效

Note

其代码如示例 3 所示。

示例 3：

结构代码：

```
<body>
    <dl>
        <dt>苏宁导航</dt>
        <dd><a href="#">苏宁会员</a></dd>
        <dd><a href="#">服装城</a></dd>
        <dd><a href="#">苏宁超市</a></dd>
        <dd><a href="#">电器城</a></dd>
        <dd><a href="#">红孩子母婴</a></dd>
        <dd><a href="#">大聚惠</a></dd>
        <dd><a href="#">苏宁金融</a></dd>
        <dd><a href="#">海外购</a></dd>
        <dd><a href="#">中华特色馆</a></dd>
    </dl>
</body>
```

行为代码：

```
<script type="text/javascript">
    $(document).ready(function(){
        $("dd").click(function() {
            $(this).toggleClass("current");
        });
    });
</script>
```

toggleClass()结合了 addClass()与 removeClass()实现样式切换的过程。它减少了代码量，提高了代码的运行效率。

注意

只有 toggleClass()方法可以实现类样式之间的切换，css()方法或 addClass()方法仅是增加新的元素样式，并不能实现切换功能。

4.3 内 容 操 作

jQuery 提供了对元素内容的操作，即对 HTML 代码（HMTL 标签）、标签内容和标签属性值三者的操作。

4.3.1 HTML 代码操作

jQuery 可以使用 html()对 HTML 代码进行操作，该方法类似于传统 JavaScript 中的 inner HTML，通常应用于动态的添加页面内容（如填写表单时出现的提示），都可以使用 html()

方法。其语法格式如下：

```
html([content])
```

html()方法的参数说明如表 4.2 所示。

表 4.2　html()方法的参数说明

参　数	描　述
content	可选。规定被选元素的新内容。该参数可以包含 HTML 标签无参数时，表示获取被选元素的文本内容

下面制作如图 4.7 所示的页面。打开页面时，弹出对话框，单击“单击改变内容”按钮，图片及其说明文字替换为背景颜色为红色的矩形，且内部有一行文字，其代码如示例 4 所示。

图 4.7　html()方法的应用

示例 4：

结构代码：

```
<body>
    <div id="mainbox">
        <h1>柳絮飘飞</h1>
        <div class="left"><img src="images/5.2.jpg" width="100" />
            <p>心情头像</p>
        </div>
    </div>
    <input type="button" value="单击改变内容" />
</body>
```

行为代码：

```
<script type="text/javascript">
    $(document).ready(function(){
        var html_txt=$("div.left").html();
        alert(html_txt);
        $("input[type=button]").click(function() {
            $("div.left").html("<div class='content'><h2>良好的习惯从今天开始养成！</h2></div>");
        });
    });
</script>
```

4.3.2　标签内容操作

jQuery 可以使用 text()方法获取或设置元素的文本内容，不含 HTML 标签其语法格式

如下：

```
text([content])
```

text()方法的参数说明如表 4.3 所示。

表 4.3　text()方法的参数说明

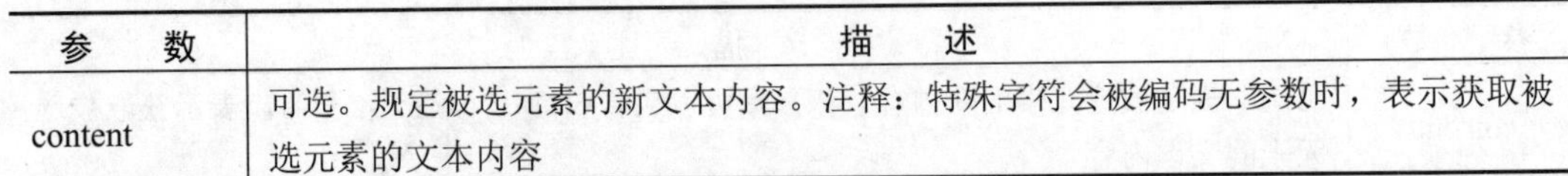

参　数	描　述
content	可选。规定被选元素的新文本内容。注释：特殊字符会被编码无参数时，表示获取被选元素的文本内容

依旧使用示例 4 的代码，仅是将 html()换成 text()，关键代码如下：

```
<script type="text/javascript">
    $(document).ready(function(){
        var html_txt=$("div.left").text();
        alert(html_txt);
        $("input[type=button]").click(function() {
            $("div.left").text("<div class='content'><h2>良好的习惯从今天开始养成！</h2></div>");
        });
    });
</script>
```

最终运行结果如图 4.8 所示。

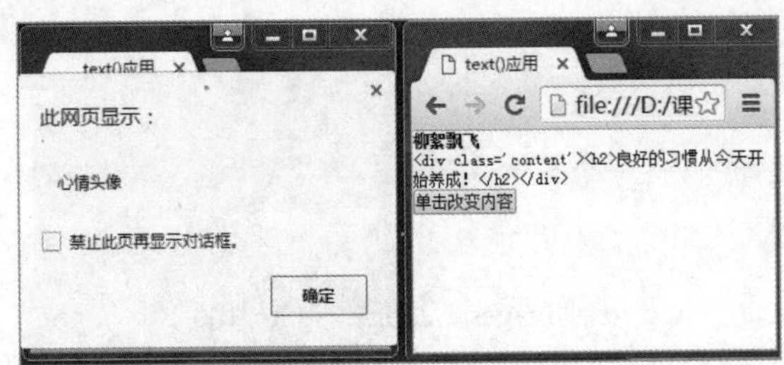

图 4.8　text()方法的应用

在 jQuery 中，html()方法与 text()方法都可以用来获取元素内容和动态改变元素内容，但两者也存在如表 4.4 所示的一些区别。

表 4.4　html()方法和 text()方法的区别

语 法 格 式	参 数 说 明	功 能 描 述
html()	无参数	用于获取第一个匹配元素的 HTML 内容或文本内容
html(content)	content 参数为元素的 HTML 内容	用于设置所有匹配元素的 HTML 内容或文本内容
text()	无参数	用于获取所有匹配元素的文本内容
text (content)	content 参数为元素的文本内容	用于设置所有匹配元素的文本内容

html()方法仅支持(X)HTML 文档，不能用于 XML 文档；而 text()方法既支持 HTML 文档，也支持 XML 文档。

虽然 html()方法与 text()方法在操作文本内容时区别不是很大，但是，由于 html()方法不仅能获取和设置文本内容，还能设置 HTML 内容。因此在实际应用中，html()方法更常用。

Note

4.3.3　属性值操作

除了 html()方法和 text()方法可以获取与设置元素内容外，value 属性值的方法 val()也可以获取与设置元素的内容。该方法多用于操作表单的<input>元素，如使用京东网的搜索功能，当文本框获得焦点时，初始的 value 属性值变为空，失去焦点时，value 属性值又恢复为初始状态。

val()方法的语法格式如下。

```
val([value]);                                    //使用 val()方法获得的内容，类型为字符串
```

val()方法的参数说明如表 4.5 所示。

表 4.5　val()方法的参数说明

参　数	描　述
value	可选。规定被选元素的新内容 无参数时，返回值为第一个被选元素的 value 属性的值

下面制作如图 4.9 所示的搜索框特效。当文本框获得焦点时，初始值“电视”消失，失去焦点时，该初始值出现。

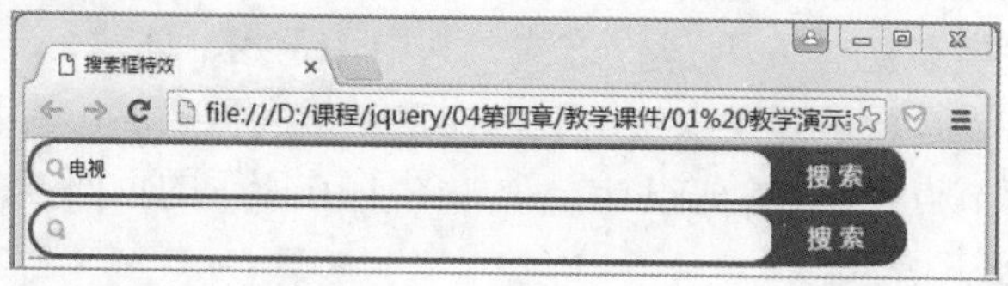

图 4.9　搜索框特效

其代码如示例 5 所示。

示例 5：

结构代码：

```
<body>
    <input name="" type="text" class="search_txt" value="电视" id="searchtxt" />
    <input type="button" class="search_btn" />
</body>
```

行为代码：

```
<script type="text/javascript">
    $(document).ready(function(){
        $("#searchtxt").focus(function(){                  //搜索框获得鼠标焦点
            var txt_value =  $(this).val();                //得到当前文本框的值
            if(txt_value=="电视"){
                $(this).val("");                           //如果符合条件，则清空文本框内容
            }
        });
        $("#searchtxt").blur(function(){                   //搜索框失去鼠标焦点
            var txt_value =  $(this).val();                //得到当前文本框的值
```

```
            if(txt_value==""){
                $(this).val("电视");                    //如果符合条件，则设置内容
            }
        });
    });
</script>
```

4.4 节点与属性操作

jQuery 中节点操作与属性操作是 jQuery 操作 DOM 的核心内容。上网购物时，最常见的就是增加或删除购物车内商品的数量。jQuery 的 DOM 操作不仅提供了相应的操作方法，还提供了复制节点的方法。

4.4.1 节点操作

jQuery 对于节点的操作分为两种类型：一种是对节点本身的操作，另一种是对节点中属性节点的操作。DOM 模型中的节点类型分为元素节点、文本节点和属性节点，文本节点与属性节点都包含在元素节点之中，它们都是 DOM 中的节点类型，只是相对特殊。节点操作主要分为查找、创建、插入、删除、替换和复制 6 种操作方式。其中，查找、创建、插入、删除和替换节点是日常开发中使用最多，也是最为重要的。

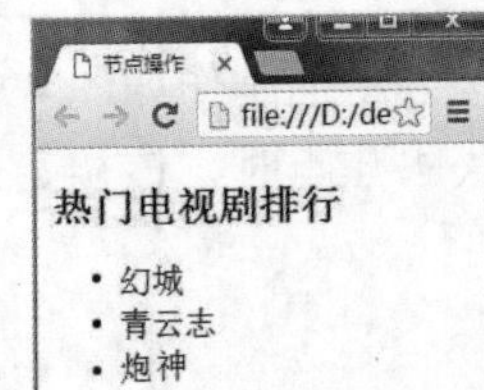

图 4.10 节点操作

为了更好地理解节点操作，首先设计一个如图 4.10 所示的页面。其 HTML 代码如下所示。

示例 6：

结构代码：

```
<h2>热门电视剧排行</h2>
<ul>
    <li>幻城</li>
    <li>青云志</li>
    <li>炮神</li>
</ul>
```

下面首先看看如何使用 jQuery 查找节点。

1. 查找节点

要想对节点进行操作，即添加、删除、修改、克隆（复制），首先必须找到要操作的元素。在 jQuery 中，获取 li 元素，可以使用 jQuery 选择器。其代码如下：

```
$("h2").hide()                                   //获取<h2>元素，并将其隐藏
$("li").css(" background-color","blue ")         //获取<li>元素，并为其添加背景颜色
```

2. 创建节点元素

函数是用于将匹配到的 DOM 元素转换为 jQuery 对象。$()方法的语法格式如下：

```
$(selector)或者$(element)或者$(html)
```

其参数说明如表 4.6 所示。

表 4.6　$()的参数说明

参　数	描　述
selector	选择器。使用 jQuery 选择器匹配元素
element	DOM 元素。以 DOM 元素来创建 jQuery 对象
html	HTML 代码。使用 HTML 字符串创建 jQuery 对象

下面使用$(html)创建 3 个新的<li>元素节点，其 jQuery 代码如下：

```
var $newNode=$("<li></li>");                                    //创建空的<li>元素节点
var $newNode1=$("<li>死神来了</li>");                            //创建含文本的<li>元素节点
var $newNode2=$("<li title='标题为千与千寻'>千与千寻</li>"); //创建含文本与属性的<li>元素节点
```

在工厂函数$()中直接输入了一段 HTML 代码，该代码使用双引号包裹，属性值使用单引号包裹，这样就创建了一个新元素。以上 jQuery 代码仅是创建了一个新元素，而并未将该元素添加到 DOM 文档中，要想新增一个节点，必须把创建好的新元素插入到 DOM 文档中。

3. 插入节点

要想实现动态的新增节点，必须对创建的节点执行插入或追加操作，而 jQuery 提供了多种方法实现节点的插入。从插入方式上主要分为两大类：内部插入节点和外部插入节点。下面将新创建的节点$newNode1 插入至如图 4.11 所示的无序列表中，其对应的具体方法如表 4.7 所示。

注意

$newNode1 创建含文本的<li>元素节点。

表 4.7　插入节点方法

插入方式	方　法	描　述	运行结果
内部插入	append(content)	向所选择的元素内部插入内容，即$(A).append(B)表示将 B 追加到 A 中，如$("ul").append($newNode1);	热门电视剧排行 • 幻城 • 青云志 • 爆神 • 死神来了
	appendTo(content)	把所选择的元素追加到另一个指定的元素集合中，即$(A).appendTo(B)表示把 A 追加到 B 中，如$($newNode1).appendTo("ul");	
	prepend(content)	向每个选择的元素内部前置内容，即$(A).prepend(B)表示将 B 追加到 A 中，如$("ul"). prepend ($newNode1);	热门电视剧排行 • 死神来了 • 幻城 • 青云志 • 爆神
	prependTo(content)	将所有匹配元素前置到指定的元素中。该方法仅颠倒了常规 prepend()插入元素的操作，即$(A). prependTo(B)表示将 A 前置到 B 中，如$($newNode1). prependTo ("ul");	

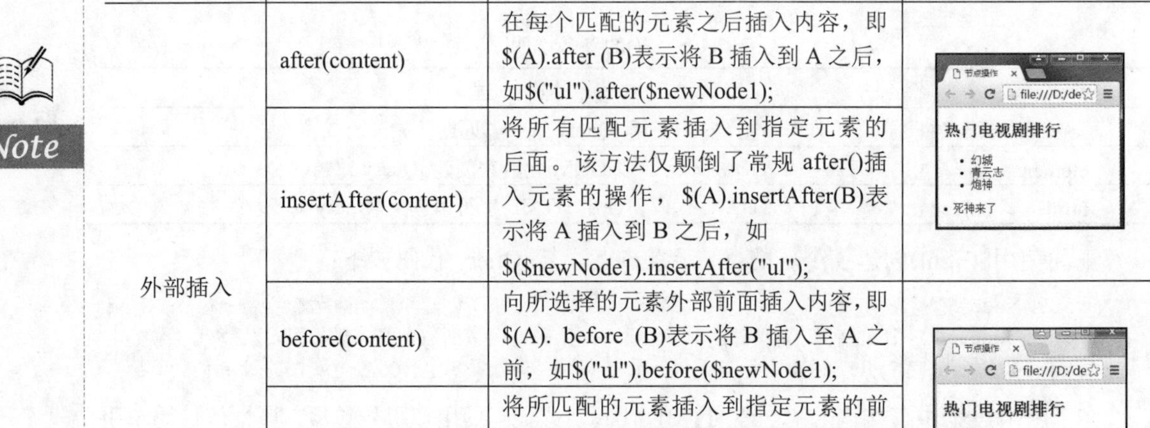

续表

插入方式	方　法	描　述	运行结果
外部插入	after(content)	在每个匹配的元素之后插入内容，即$(A).after (B)表示将 B 插入到 A 之后，如$("ul").after($newNode1);	节点操作 file:///D:/de 热门电视剧排行 • 幻城 • 青云志 • 炮神 • 死神来了
	insertAfter(content)	将所有匹配元素插入到指定元素的后面。该方法仅颠倒了常规 after()插入元素的操作，$(A).insertAfter(B)表示将 A 插入到 B 之后，如$($newNode1).insertAfter("ul");	
	before(content)	向所选择的元素外部前面插入内容，即$(A). before (B)表示将 B 插入至 A 之前，如$("ul").before($newNode1);	节点操作 file:///D:/de 热门电视剧排行 • 死神来了 • 幻城 • 青云志 • 炮神
	insertBefore(content)	将所匹配的元素插入到指定元素的前面，该方法仅是颠倒了常规 before()插入元素的操作，即$(A). insertBefore (B)表示将 A 插入到 B 之前，如$($newNode1).insertBefore("ul");	

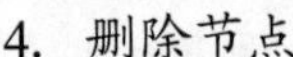

4. 删除节点

在操作 DOM 时，删除多余或指定的页面元素是非常必要的。好比小红在别人空间上刚写了一条回复，但感觉用词不够妥当，必须删除一样，删除也是 DOM 操作中必不可少的操作之一。jQuery 提供了 remove()、detach()和 empty()这 3 种删除节点的方法，其中 detach()使用频率不太高。

remove()方法用于移除匹配元素，移除的内容包括匹配元素的文本和子节点，其语法格式如下。

```
$(selector).remove([expr])
```

参数 expr 为可选参数，如果接受参数，则该参数为筛选元素的 jQuery 表达式，通过该表达式获取指定元素，并进行删除。

如删除“青云志”，则 jQuery 代码如下：

```
$("ul li:eq(1)").remove();
```

其运行结果如图 4.11 所示。

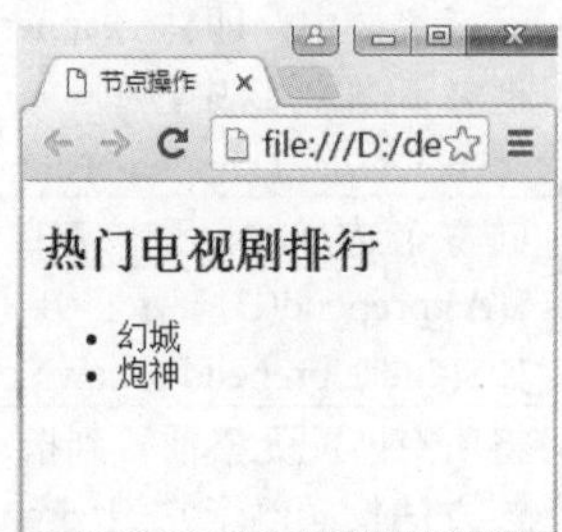

图 4.11　remove()方法的应用

注意

remove()方法与 detach()方法都能将匹配的元素从 DOM 文档中删除，而且删除后，该元素在 jQuery 对象中仍然存在。

除了能够使用 remove()方法移除 DOM 中的节点外，还可以使用 empty()方法。但 empty()方法并不是删除节点，而是清空节点，它能清空元素中的所有后代节点。其语法格式如下：

```
$(selector).empty()
```

依旧在上面的代码中清空“青云志”，jQuery 代码如下：

```
$("ul li:eq(1)").empty();
```

其运行结果如图 4.12 所示。

对比图 4.11 和图 4.12 所示的效果可以发现，remove()方法与 empty()方法的区别就在于，前者删除了整个节点，而后者仅删除了节点中的内容。

下面制作如图 4.13 所示的页面。单击每条商品信息后面的“删除”链接时，能够删除对应的商品信息，单击“增加”链接时，能够增加一条新商品信息。

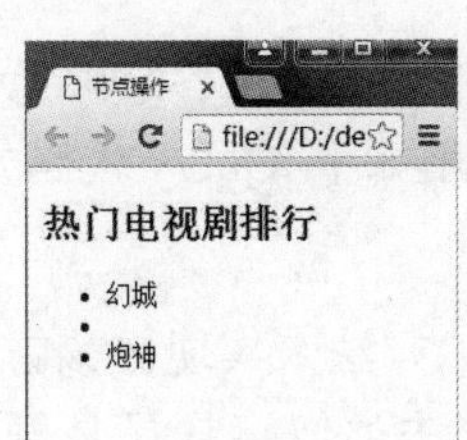

图 4.12　empty()方法的应用

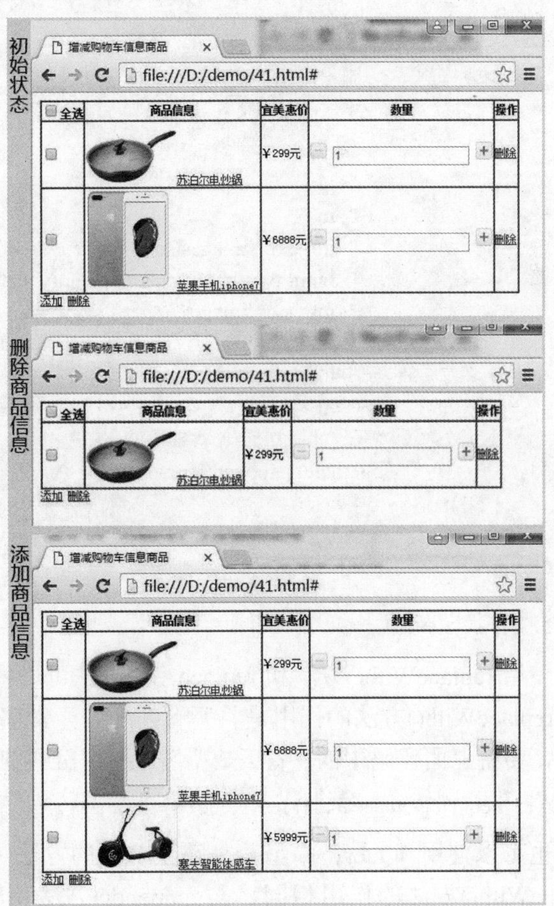

图 4.13　增减购物车商品信息

其关键代码如示例 7 所示。

示例 7：

Note

行为代码：

```
<script type="text/javascript">
    $(document).ready(function(){
        //删除 class 为.tr_0 的<tr>元素
        /* $(".del").click(function () {
            $(".tr_0").remove();
        }); */
        //这种写法可以删除任意行，并可以为新增行自动绑定事件
        $(".del").live("click",function () {
            $(this).parent().parent().remove();
        });
        $(".add").click(function () {
            //创建新节点
            var $newPro = $("<tr>"
                + "<td>"
                + "<input name='' type='checkbox' value='' />"
                + "</td>"
                + "<td>"
                + "<img src='images/015.jpg'   class='products'width='100' />"
                + "<a href='#'>塞夫智能体感车</a>"
                + "</td>"
                + "<td>￥5999 元</td>"
                + "<td>"
                + "<img src='images/subtraction.gif' width='20' height='20' />"
                + "<input type='text' class='quantity' value='1' />"
                + "<img src='images/add.gif' width='20' height='20' />"
                + "</td>"
                + "<td><a href='#' class='del'>删除</a></td>"
                + "</tr>");
                //在 table 中插入新建节点
                $("table").append($newPro);
        });
    });
</script>
```

5. 替换节点

使用 replaceWith()方法和 replaceAll()方法可以替换某个节点。

replaceWith()方法的作用是将所有匹配的元素都替换成指定的 HTML 或者 DOM 元素。例如，要将上面代码中的“青云志”替换成“死神来了”，可以使用如下 jQuery 代码如下：

```
$("ul li:eq(1)").replaceWith($newNode1);
```

也可以使用 jQuery 中另一个替换节点的方法——replaceAll()方法来实现。该方法与 replaceWith()方法的作用相同，与 append()方法和 appendTo()方法类似，它只是颠倒了 replaceWith()方法操作，可以使用如下 jQuery 代码实现同样的功能。

```
$($newNode1).replaceAll("ul li:eq(1)");
```

6. 复制节点

有时候会用到复制元素的操作，例如，可以复制出页面顶部的导航菜单，并把副本放到页脚上。实际上，无论何时，只要能通过复制元素增强页面的视觉效果，都是以重用代码来实现的好机会。毕竟，如果能够只编写一次代码并让 jQuery 替开发者完成复制，何必要重写两遍同时又增加双倍的出错机会呢？

在复制元素时，需要使用 clone()方法对节点进行复制。这个方法能够创建任何匹配的元素集合的副本以便将来使用，其语法格式如下：

```
$(selector).clone([includeEvents]);
```

其中，参数 includeEvents 为可选参数，为布尔值 true 或 false，规定是否复制元素的所有事件处理，为 true 时复制事件处理，为 false 时相反。

其使用方法如下，产生的效果如图 4.14 所示。

```
$("ul li:eq(1)").clone(true).appendTo("ul");
```

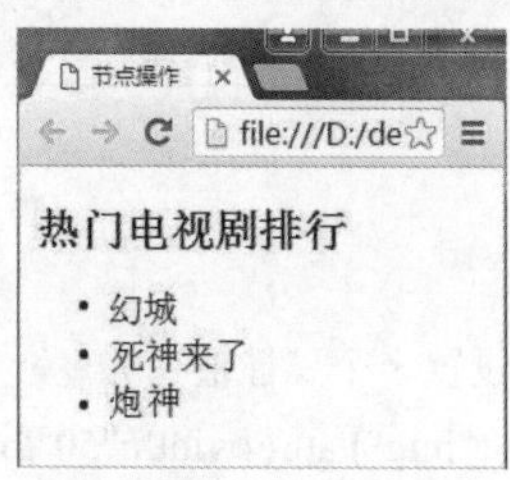

图 4.14　clone 的应用

在 jQuery 中，如果没有办法输出 DOM 元素本身的 HTML，可以使用下面的代码来实现。

```
$("<div></div>").append($(DOM 元素).clone()).html();
```

注意

上述节点操作的部分方法参数还支持函数，如 append()、prepend()、after()、before()等。

4.4.2　属性操作

在 jQuery 中，属性操作的方法有两种，即获取与设置元素属性的 attr()方法和删除元素属性的 removeAttr()方法，这两种方法在日常开发中非常常见。下面详细介绍 attr()和 removeAttr()的使用方法。

1. 获取与设置元素属性

使用 attr()方法来获取与设置元素属性。

attr()的使用方法及语法格式如下：

```
$(selector).attr([name])     //获取属性值或者$(selector).attr({[name1:value1],
```

```
[name2:value2]…[nameN:valueN]})
```

其中，参数 name 表示属性名称，value 表示属性值。

下面在示例 7 代码的基础上，在<h2>元素之后插入新建节点$newNode4，$newNode4 对应的 HTML 代码如下：

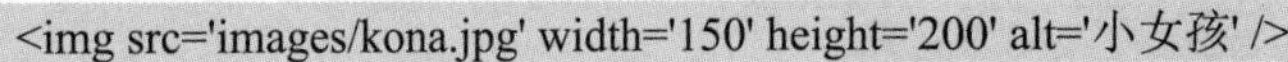

```
<img src='images/kona.jpg' width='150' height='200' alt='小女孩' />
```

在表 4.8 的示例中，使用 attr()方法获取图片 alt 属性的值，设置图片的大小，并用对话框输出。

表 4.8　attr()方法详细说明

方　法	描　述	运行结果
attr([name])	获取和设置单个属性值，如 $($newNode4).attr("alt");	
attr({[name1:value1], [name2:value2]…[nameN:valueN]})	设置多个属性值，如 $("img").attr({width:"50",heihgt:"100"});	

注意

在 jQuery 中，很多都是用同一个方法实现获取与设置两种功能，无参数时为获取元素，带参数时为设置元素的文本、属性值等。

2. 删除元素属性

在 jQuery 中，如果想删除某个元素中特定的属性，可以使用 removeAttr()方法。其语法格式如下：

```
$(selector).removeAttr(name);
```

其中，参数为元素属性的名称。若要求删除新增节点$newNode2 中的 title 属性，则 jQuery 代码如下：

```
// $newNode2 对应的 HTML 为<li title='标题为卡通图片'>青云志</li>
$("ul").append($newNode2);
$($newNode2).removeAttr("title");
```

其运行结果如图 4.15 所示。

Note

图 4.15　removeAttr()方法的应用

4.5 节点遍历

jQuery 中不仅能够对获取到的元素进行操作，还能通过已获取到的元素，选取与其相邻的兄弟元素、祖先元素进行操作等。

在 jQuery 中主要提供了遍历子元素、遍历同辈元素、遍历前辈元素和一些特别的遍历方法，即 children()、next()、prev()、siblings()、parent()和 parents()。

为了更好地理解节点遍历，首先设计一个 HTML 页面，其代码如示例 8 所示。

示例 8：

样式代码：

```
<style type="text/css">
    .hot{color:#F00;}
    a{color:#000;text-decoration:none;}
</style>
```

结构代码：

```
<body>
    <ul>
        <li><a href="#">荣耀 V8 VR 的伴侣</a><span class="hot">火爆销售中</span></li>
        <li><a href="#">魅蓝爆品多轮 5 折秒</a></li>
        <li><a href="#">三星 NOTE7 新品上市</a></li>
        <li><a href="#">努比亚 Z11mini</a></li>
    </ul>
</body>
```

其运行结果如图 4.16 所示。

其在火狐调试工具中的 DOM 结构如图 4.17 所示。

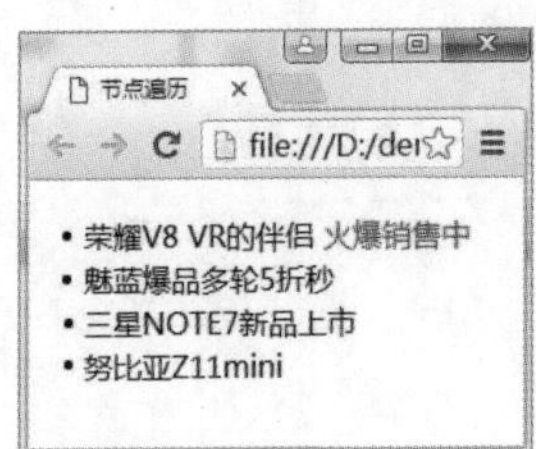

图 4.16　节点遍历示例页面

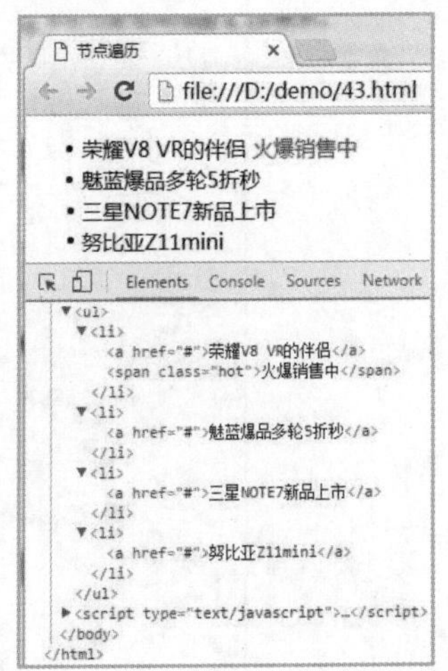

图 4.17　节点遍历示例页面 DOM

4.5.1　属性操作

如果想获取某元素的子元素并对其进行操作，可以使用 jQuery 中提供的 children()方法。该方法可以用来获取元素的所有子元素，而不考虑其他后代元素，其语法格式如下：

```
$(selector).children([expr]);
```

其中，参数 expr 为可选，用于过滤子元素的表达式。

下面使用 children()方法获取下列 HTML 代码中<body>元素的子元素个数，并以对话框输出。jQuery 代码如下：

```
var $body=$("body").children();
alert($body.length);
```

其运行结果如图 4.18 所示。

对照 DOM 结构图不难发现，<body>元素的子元素有<img>和<ul>元素。

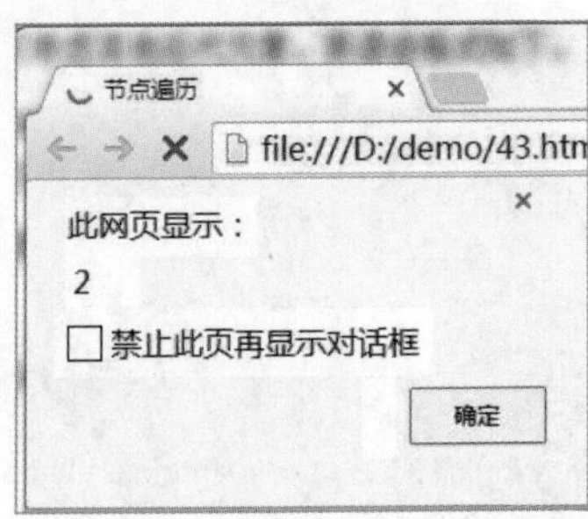

图 4.18　chidren()方法的应用

4.5.2　遍历同辈元素

jQuery 提供了 3 种遍历同辈元素的方法，即 next()紧邻其后的元素、prev()紧邻其前的

元素和 siblings()位于该元素前与后的所有同辈元素。下面以对比的方式，对 jQuery 中遍历同辈元素的方法进行讲解。遍历同辈元素的方法说明如表 4.9 所示。

表 4.9　遍历同辈元素的方法说明

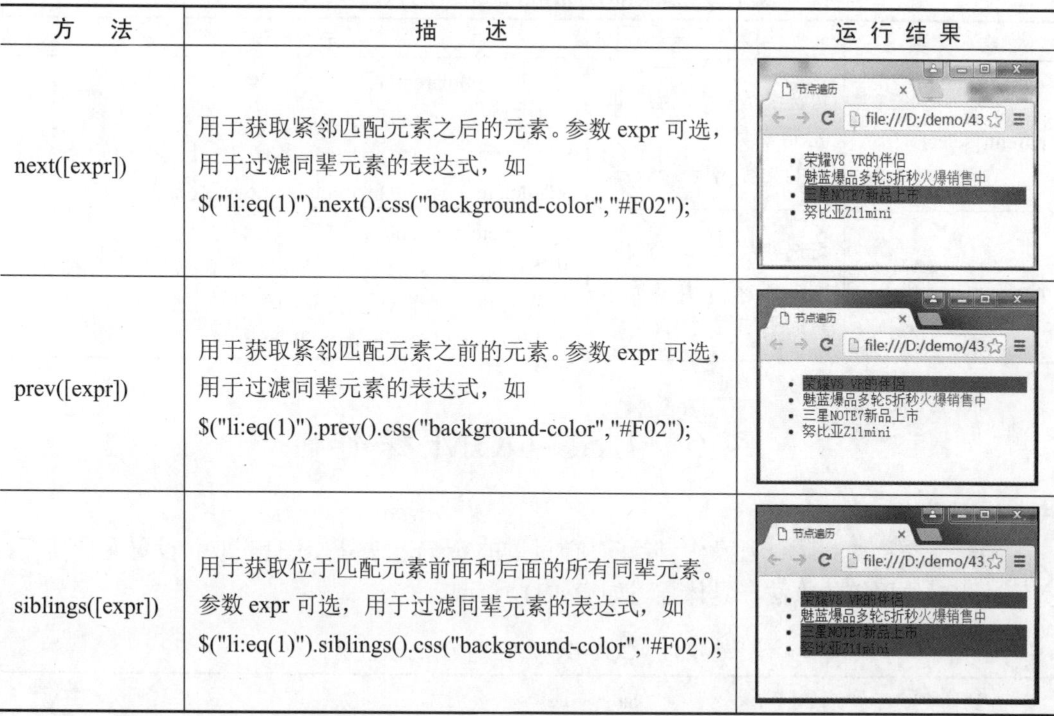

方　法	描　　述	运 行 结 果
next([expr])	用于获取紧邻匹配元素之后的元素。参数 expr 可选，用于过滤同辈元素的表达式，如 $("li:eq(1)").next().css("background-color","#F02");	节点遍历 file:///D:/demo/43 • 荣耀V8 VR的伴侣 • 魅蓝爆品多轮5折秒火爆销售中 • 三星NOTE7新品上市 • 努比亚Z11mini
prev([expr])	用于获取紧邻匹配元素之前的元素。参数 expr 可选，用于过滤同辈元素的表达式，如 $("li:eq(1)").prev().css("background-color","#F02");	节点遍历 file:///D:/demo/43 • 荣耀V8 VR的伴侣 • 魅蓝爆品多轮5折秒火爆销售中 • 三星NOTE7新品上市 • 努比亚Z11mini
siblings([expr])	用于获取位于匹配元素前面和后面的所有同辈元素。参数 expr 可选，用于过滤同辈元素的表达式，如 $("li:eq(1)").siblings().css("background-color","#F02");	节点遍历 file:///D:/demo/43 • 荣耀V8 VR的伴侣 • 魅蓝爆品多轮5折秒火爆销售中 • 三星NOTE7新品上市 • 努比亚Z11mini

4.5.3　遍历前辈元素

jQuery 用于遍历前辈元素的方法主要有 parent()和 parents()。parent()方法用于获取当前匹配元素集合中每个匹配元素的父级元素，而 parents()方法用于获取当前匹配元素集合中每个匹配元素的父级及祖级元素，它们的表达式分别如下：

```
$(selector).parent([selector]);
$(selector).parents([selector]);
```

其中，两者的参数 selector 是可选的，表示被匹配元素的选择器表达式。

parent()方法和 parents()方法在使用上非常相似，但又存在一些如表 4.10 所示的差异。表 4.10 列举了两种方法的用法，使用它们获取下列代码中<a/>元素的父级元素。

结构代码如下：

```
<body>
    <table border="1">
        <tbody>
            <tr>
                <td>1011</td>
                <td>jQuery 基础教程</td>
                <td>34</td>
                <td><a href="#" id="delete">删除</a></td>
            </tr>
```

```
        </tbody>
    </table>
</body>
```

Note

表 4.10　parent()方法与 parents()方法的参数说

参　　数	描　　述	示　　例
parent([selector])	可选参数。获取当前匹配元素集合中每个元素的父级元素	$("#delete").parent() 获取到的是<a/>的直接上层<td/>元素。 $("#delete").parent().parent()将获取上上层<tr/>元素。 $("#delete").parent().parent().remove()将删除当前行
parents([selector])	可选参数。获取当前匹配元素集合中每个元素的祖先元素	$("# delete").parents() 从当前匹配元素的直接父节点开始查找，查找范围为其父节点和祖先节点，获取到的节点依次是<td/> <tr/> <tbody/> <table/> <body/>和<html/>

4.6　CSS-DOM 操作

jQuery 支持 CSS-DOM 操作，除了之前讲过的 css()方法外，还有获取和设置元素高度、宽度、相对位置等的方法，具体描述如表 4.11 所示。

表 4.11　CSS-DOM 相关操作方法说明

参　　数	描　　述	示　　例
css()	设置或返回匹配元素的样式属性	$("#box").css("background-color", "green")
height([value])	参数可选。设置或返回匹配元素的高度。如果没有规定长度单位，则使用默认的 px 作为单位	$("#box").height(180);
width([value])	参数可选。设置或返回匹配元素的宽度。如果没有规定长度单位，则使用默认的 px 作为单位	$("#box").width(180);
offset([value])	返回以像素为单位的 top 和 left 坐标。此方法仅对可见元素有效	$("#box").offset();
offsetParent()	返回最近的已定位祖先元素。定位元素指的是元素的 CSS position 值被设置为 relative、absolute 或 fixed 的元素	$("#box").offsetParent();
scrollLeft([position])	参数可选。设置或返回匹配元素相对滚动条左侧的偏移	$("#box").scrollLeft(20);
scrollTop([position])	参数可选。设置或返回匹配元素相对滚动条顶部的偏移	$("#box").scrollTop(180);

此外，获取元素的高度除了可以使用 height()方法之外，还能使用 css()方法，其获取高度值的代码为$("#box").css("height")。获取元素宽度的方式同理。

技 能 训 练

实战案例 1：制作今日团购模块

需求描述

制作如图 4.19 所示的页面。当鼠标指针移至商品信息时，添加如图 4.19 右图所示的样式，边框及背景颜色的色值变为#D51938，同时文字变为白色，当鼠标指针移出时，恢复初始状态。

图 4.19 今日团购

实战案例 2：制作 1 号店登录框特效

需求描述

制作如图 4.20 所示的页面。当文本框获得焦点时（鼠标移至文本框时），文本框内默认文字消失，失去焦点时（鼠标移开时），文本框内提示文字再次出现。

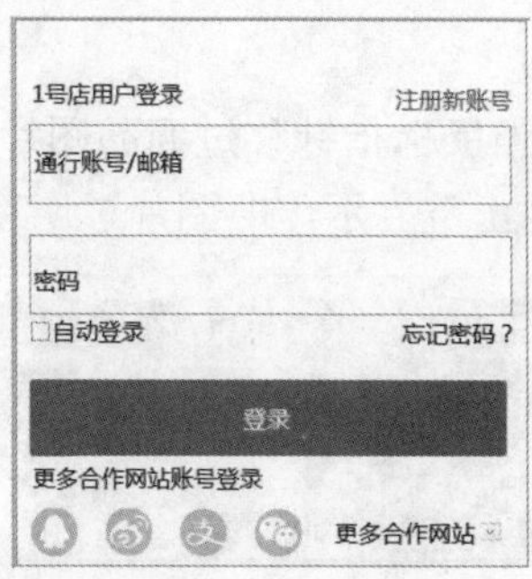

图 4.20 登录框特效

实战案例 3：制作员工信息模块

需求描述

制作如图 4.21 所示的页面。单击图标时，删除其所在行信息，单击“新增”链接时，

Note

增加一条表格中现有的信息（信息内容可自己修改，但形式必须与现有数据相同）。

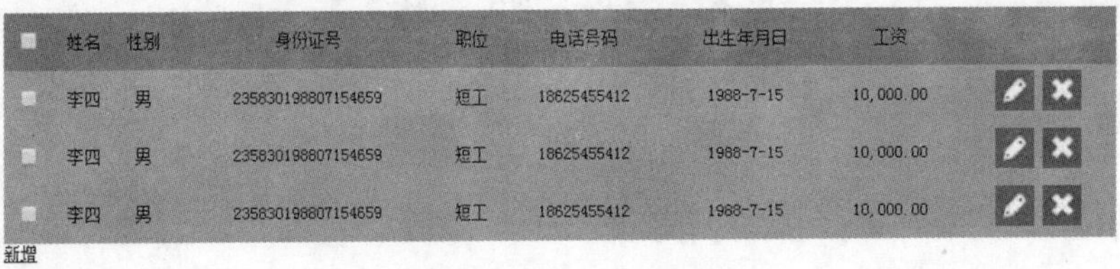

	姓名	性别	身份证号	职位	电话号码	出生年月日	工资	
	李四	男	235830198807154659	短工	18625455412	1988-7-15	10,000.00	
	李四	男	235830198807154659	短工	18625455412	1988-7-15	10,000.00	
	李四	男	235830198807154659	短工	18625455412	1988-7-15	10,000.00	

新增

图 4.21　员工信息模块

本 章 总 结

- DOM 操作分为 DOM Core、HTML-DOM 和 CSS-DOM 这 3 种类型。
- 使用 css()方法可以为元素添加样式，使用 addClass()方法为元素追加类样式，使用 removeClass()方法可以移除样式，使用 toggleClass()方法可以切换样式。
- 使用 html()方法可以获取或设置元素的 HTML 代码，使用 text()方法可获取或设置元素的文本内容，使用 val()方法可获取元素 value 属性值。
- 对 DOM 元素节点的操作包括查找、创建、替换、复制和遍历等。
- 在 jQuery 中，提供了 append()等方法插入节点，使用 remove()等方法删除节点。
- 在 jQuery 中，使用 attr()方法可获取或设置元素属性，使用 removeAttr()方法可删除元素属性。
- 在 jQuery 中，遍历操作包括遍历子元素、遍历同辈元素和遍历前辈元素。
- 在 jQuery 中，提供了获取和设置元素高度、宽度、相对位置等 CSS-DOM 方法。

本 章 作 业

制作如图 4.22 所示的页面。当鼠标指针移过商品图片时，图片变为半透明显示，透明度为 0.6；鼠标指针移出时，恢复正常显示，即图片透明度变为 1。

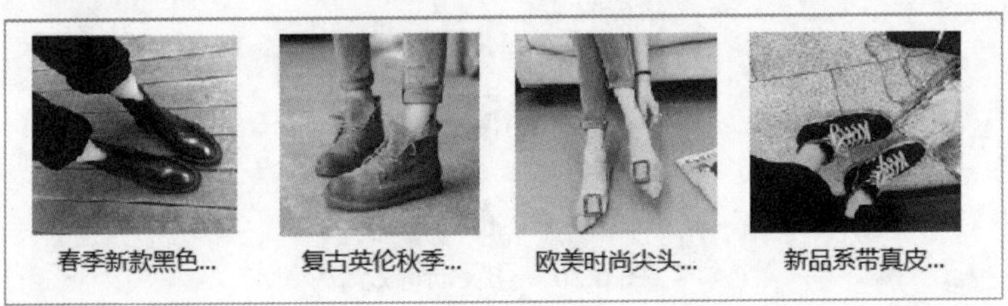

图 4.22　女生世界

第5章

表单验证

本章简介

本章将介绍有关正则表达式的知识，学习如何使用它实现更精确、更高效的验证；还将介绍 jQuery 的一种表单选择器，使用它能够更方便地获取表单元素，并结合它实现更复杂的表单验证。

本章任务

- 实现注册页面验证
- 实现学习经历动态维护表单和验证

本章目标

- 掌握 String 对象的用法
- 会使用正则表达式验证页面输入内容
- 会使用表单选择器

预习作业

1. 列出 String 对象和表单验证有关的成员。
2. $(":input")能匹配页面中的哪些元素？
3. 如何表示一个正则表达式的开头和结尾？

5.1 表单基本验证技术

Note

动态网站离不开表单。表单作为客户端向服务器端提交数据的主要载体，如果提交的数据不合法，将会引出各种各样的问题。下面就讲解一下如何避免问题的发生。

5.1.1 表单验证的重要性

表单验证是 JavaScript 中的高级选项之一，它可用来在数据被送往服务器前对 HTML 表单中的这些输入数据进行验证。

在用户填写表单时，希望所填入的资料必须是特定类型的信息（如 int），或是填入的值必须在某个特定的范围之内（如月份必须是 1～12）。在正式提交表单之前，必须检查这些值是否有效。

验证，实际上就是在已下载的页面中，当用户提交表单的时候，它直接在页面中调用脚本来进行验证，这样可以减少服务器端的运算。

服务器端的验证是将页面提交到服务器，由服务器端的程序对提交的表单数据进行验证，然后再返回响应结果到客户端，如图 5.1 所示。它的缺点是每一次验证都要经过服务器，不但消耗时间较长，而且会增加服务器的负担。

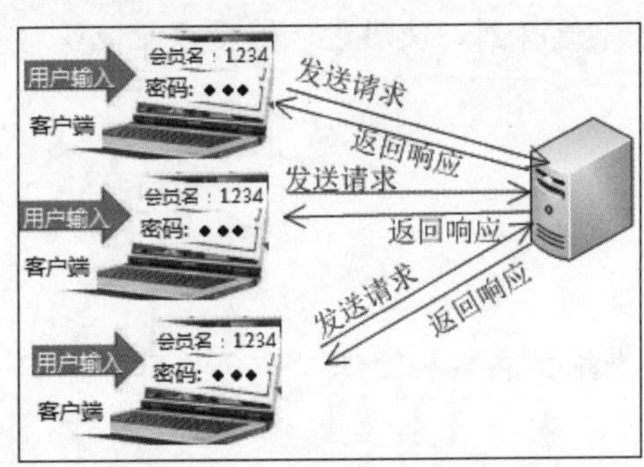

图 5.1 服务器端验证

假如有一个网站，每天大约有 10000 名用户注册使用它的服务。如果用户填写的表单信息都让服务器去检查是否有效，服务器就得每天为 10000 名用户的表单信息进行验证，这样服务器将会不堪重负，甚至会出现死机现象。所以最好的解决办法就是在客户端进行验证，这样就能把服务器端的任务分给多个客户端去完成，从而减轻服务器端的压力，让服务器专门做其他更重要的事情。

5.1.2 表单验证的内容

表单验证包括的内容非常多，如验证日期是否有效或日期格式是否正确、检查表单元素是否为空、Email 地址是否正确、验证身份证号、验证用户名和密码、验证字符串是否以指定的字符开头、阻止不合法的表单被提交等。在如图 5.2 所示的网站注册页面中，在用户提交表单时，就需要对用户提交的表单内容进行检查和验证，如果表单不完整或有非

法输入应该给用户以提示。

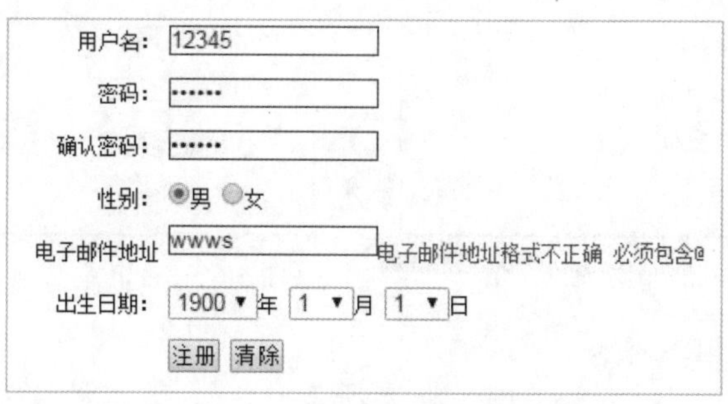

图 5.2　注册表单验证的内容

结合图 5.2 所示的表单，在一小节详细说明表单验证通常包括的内容。

5.1.3　表单验证的思路

在网上进行注册或填写一些表单数据时，如果数据不符合要求，通常会弹出提示框。例如，在注册页面输入了不符合要求的电子邮箱地址时，将会弹出提示信息，如图 5.3 所示。

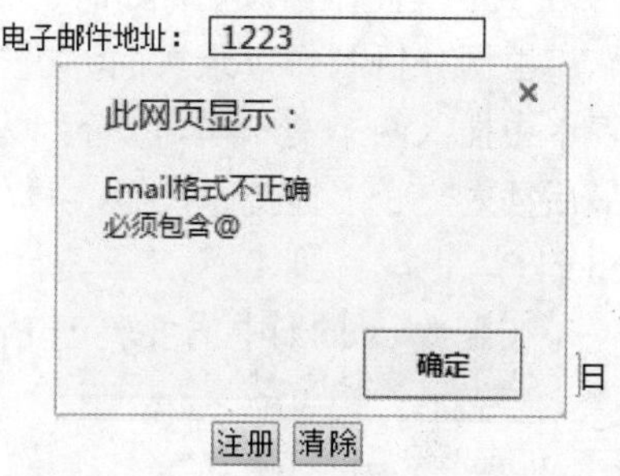

图 5.3　弹出验证信息

要想通过 JavaScript 来验证表单数据的合法性，需要遵循以下规则。

（1）获取的表单元素值，都需要是 String 类型，包含数字、下划线等。

（2）使用 JavaScript 中的方法对获取的数据进行判断。

（3）在提交表单时，触发 submit 事件，对获取的数据进行验证。

下面介绍如何对 String 类型的这些数据进行验证。

1. 使用 String 对象验证邮箱

在注册表单或登录电子邮箱时，经常需要填写 Email 地址。对输入的 Email 地址进行有效性验证，可以提高数据的有效性，避免不必要的麻烦。那么如何编写如图 5.4～图 5.6 所示的验证表单呢？当在 Email 文本框中没有输入任何内容时，单击“登录”按钮将会弹出如图 5.4 所示的提示对话框，提示“Email 不能为空”；当输入 webmaster 时，再单击“登录”按钮，将会弹出如图 5.5 所示的提示对话框，提示“Email 格式不正确 必须包含@”；当输入 webmaster@时，再单击“登录”按钮，将会弹出如图 5.6 所示的提示对话框，提示“Email 格式不正确　必须包含.”。只有同时包含@和“.”符号时，才是有效的 Email 地址。那么如何编写这样的 Email 地址验证脚本呢？

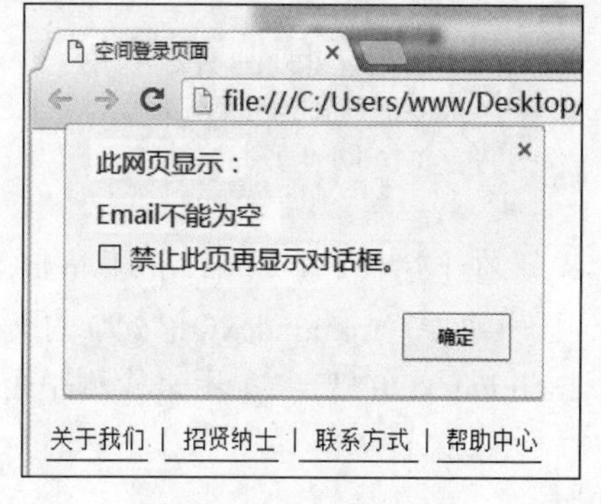

图 5.4　Email 不能为空

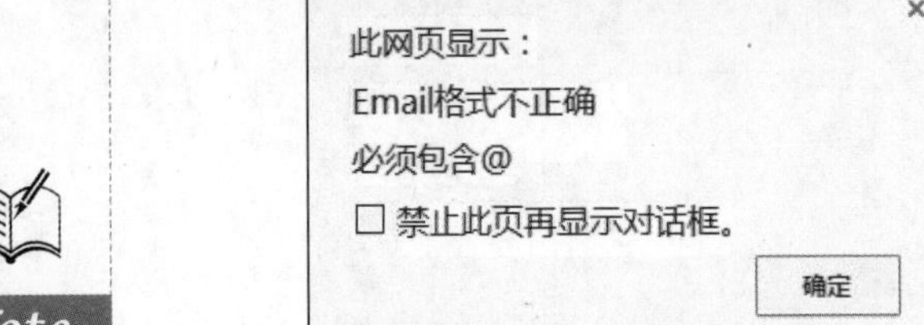

图 5.5 Email 中必须包含@

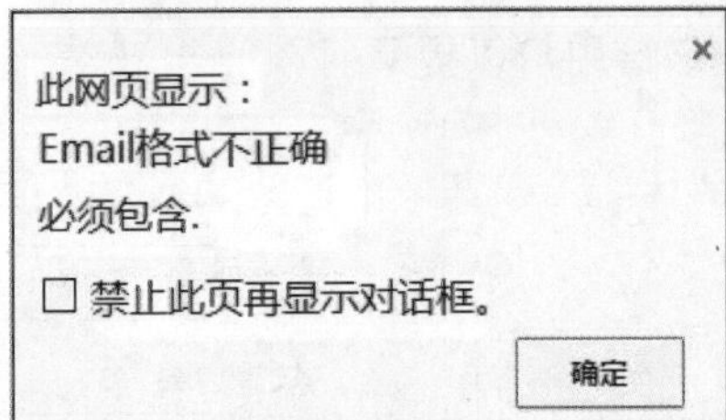

图 5.6 Email 中必须包含“.”符号

思路分析

（1）先获取表单元素（Email 文本框）的值（String 类型），然后进行判断。

（2）使用 jQuery ID 选择器获得表单的输入元素（文本框对象），然后使用 jQuery 的 val( )方法获取文本框的值。

（3）使用字符串方法（indexOf()）来判断获得的文本框元素的值是否包含@和“.”符号。

（4）单击提交按钮，触发 onsubmit 事件，然后调用脚本执行函数。

（5）当返回值是 false 时，不能提交表单；当返回值是 true 时，提交表单。

根据分析制作登录页面并进行验证。首先制作页面，在页面中插入一个表单，然后在表单中插入两个文本框，id 分别为 email 和 pwd，一个用来输入 Email，一个用来输入密码，最后插入一个“提交”按钮，并在表单中添加 submit 事件，此事件调用验证 Email 的函数 check()。

在函数 check()中需要验证 Email 是否为空，代码如下：

```
var mail=$("#email").val();
if(mail==""){
    alert("Email 不能为空");
    return false;
}
```

验证 Email 中是否包含符号@和“.”，由于是从字符串的首字符开始验证，因此第二个参数可以省略，代码如下：

```
if(mail.indexOf("@")==-1){
    alert("Email 格式不正确\n 必须包含@");
    return false;
}
if(mail.indexOf(".")==-1){
    alert("Email 格式不正确\n 必须包含.");
    return false;
}
```

在上述代码片段中，mail.indexOf("@")== -1 用来检测是否包含“@”符号，若不包含，则表达式 mail.indexOf("@")的返回值为-1；相反，则返回找到的位置。同理，mail.indexOf(".")==-1 用来检测是否包含“.”符号。此示例完整的代码如示例 1 所示。

示例 1：

结构代码：

```
<form action="success.html" method="post" id="myform" name="myform">
    <tr>
        <td>Email：<input id="email" type="text" class="inputs" /></td>
    </tr>
    <tr>
        <td> 密码：<input id="pwd" type="password" class="inputs" /></td>
    </tr>
    <tr>
        <td style="height: 35px; padding-left: 30px;">
            <input name="btn" type="submit" value="登录" class="rb1" />
        </td>
    </tr>
</form>
```

行为代码：

```
<script type="text/javascript">
    //验证函数
    function check() {
        var mail = $("#email").val();
        if (mail == "") {                          //检测 Email 是否为空
            alert("Email 不能为空");
            return false;
        }
        if (mail.indexOf("@") == -1) {
            alert("Email 格式不正确\n 必须包含@");
            return false;
        }
        if (mail.indexOf(".") == -1) {
            alert("Email 格式不正确\n 必须包含.");
            return false;
        }
        return true;
    }
    $(function () {
        //提交表单
        $("#myform").submit(function () {
            return check();
        });
    });
</script>
```

在浏览器中运行示例 1 的代码，如果在 Email 文本框中输入的内容不合要求，将弹出如图 5.4～图 5.6 所示的提示对话框；如果用户在 Email 文本框中输入了正确的电子邮件地址，那么在单击“登录”按钮之后，将显示 success.html 网页，如图 5.7 所示。

祝贺你，登录休闲网成功！

关于我们 | 招贤纳士 | 联系方式 | 帮助中心

图 5.7　登录成功的页面

使用 jQuery 主要用来获取表单元素的值，但是对于字符串对象的判断和处理，还需要借助于原生 JavaScript 来实现；另外，还使用了 jQuery 封装的事件方法 submit()，该事件方法在表单提交时执行。

2. 文本框内容的验证

在网站的注册等页面中，要经常验证电子邮件的格式、用户名、密码等文本内容。例如，验证文本框的内容不能为空，注册页面中两次输入的密码必须相同。下面通过验证如图 5.8 所示的页面来学习如何验证文本框内容的合法性，要求如下。

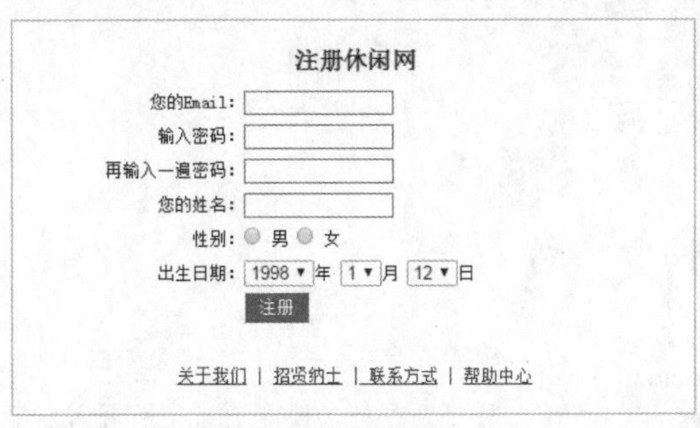

图 5.8　注册页面

（1）密码不能为空，并且密码包含的字符不能少于 6 个。

（2）两次输入的密码必须一致。

（3）姓名不能为空，并且姓名中不能有数字。

3. 思路分析

（1）要创建页面并插入一个表单，在表单中插入如图 5.8 所示的文本框，密码输入框的 id 分别为 pwd 和 repwd，姓名文本框的 id 为 user，最后编写脚本验证文本输入框中内容的有效性。

（2）使用 String 对象的 length 属性验证密码的长度，代码如下：

```
var pwd=$("#pwd").val();
if(pwd.length<6){
    alert("密码必须等于或大于 6 个字符");
    return false;
}
```

（3）验证两次输入密码是否一致。当两个输入框的内容相同时，表示一致，代码如下：

```
var repwd=$("#repwd").val();
if(pwd!=repwd){
    alert("两次输入的密码不一致");
    return false;
}
```

（4）判断姓名中是否有数字。首先使用 length 属性获取文本长度，然后使用 for 循环和 substring()方法依次截断单个字符，最后判断每个字符是否是数字，代码如下：

```
var user=$("#user").val();
```

```
for(var i=0;i<user.length;i++){
    var j=user.substring(i,i+1)
    if(isNaN(j)==false){    //isNaN 函数判断是否有数字
        alert("姓名中不能包含数字");
        return false;
    }
}
```

根据以上的分析编写代码，完成休闲网注册页面的验证，完整的代码如示例 2 所示。

示例 2：

结构代码：

```
<form method="post" name="myform" id="myform">
    <tr>
        <td class="left">您的 Email：</td>
        <td>
            <input id="email" type="text" class="inputs" />
        </td>
    </tr>
    <tr>
        <td class="left">输入密码：</td>
        <td>
            <input id="pwd" type="password" class="inputs" />
        </td>
    </tr>
    <tr>
        <td class="left">再输入一遍密码：</td>
        <td>
            <input id="repwd" type="password" class="inputs" />
        </td>
    </tr>
    <tr>
        <td class="left">您的姓名：</td>
        <td>
            <input id="user" type="text" class="inputs" />
        </td>
    </tr>
</form>
```

行为代码：

```
<script type="text/javascript">
    //验证函数
    function check() {
        var pwd = $("#pwd").val();
        if (pwd == "") {
            alert("密码不能为空");
            return false;
        }
        if (pwd.length < 6) {
            alert("密码必须等于或大于 6 个字符");
```

```
                return false;
            }
            var repwd = $("#repwd").val();
            if (pwd != repwd) {
                alert("两次输入的密码不一致");
                return false;
            }
            var user = $("#user").val();
            if (user == "") {
                alert("姓名不能为空");
                return false;
            }
            for (var i = 0; i < user.length; i++) {
                var j = user.substring(i, i + 1);
                if (isNaN(j) == false) {
                    alert("姓名中不能包含数字");
                    return false;
                }
            }
                return true;
            }
            $(function () {
                //提交表单
                $("#myform").submit(function () {
                    return check();
                });
    });
</script>
```

在浏览器中运行示例 2 代码时，单击“注册”按钮，如果没有输入密码，则弹出如图 5.9 所示的提示对话框；如果密码长度小于 6，则弹出如图 5.10 所示的提示对话框；如果两次输入的密码不同，则弹出如图 5.11 所示的提示对话框；如果没有输入姓名，则提示姓名不能为空；如果输入的姓名中有数字，则弹出如图 5.12 所示的提示对话框。

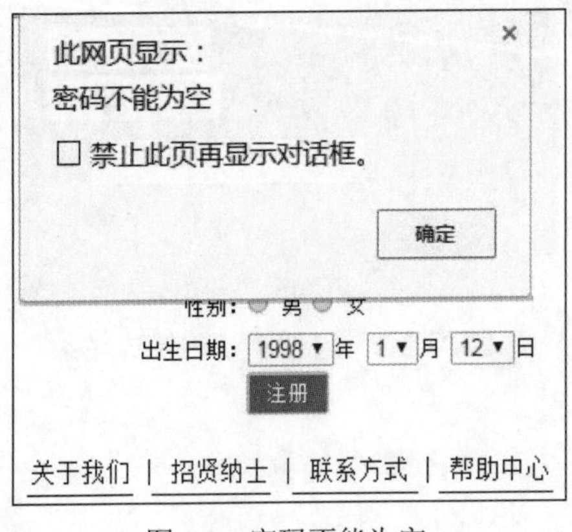

图 5.9　密码不能为空

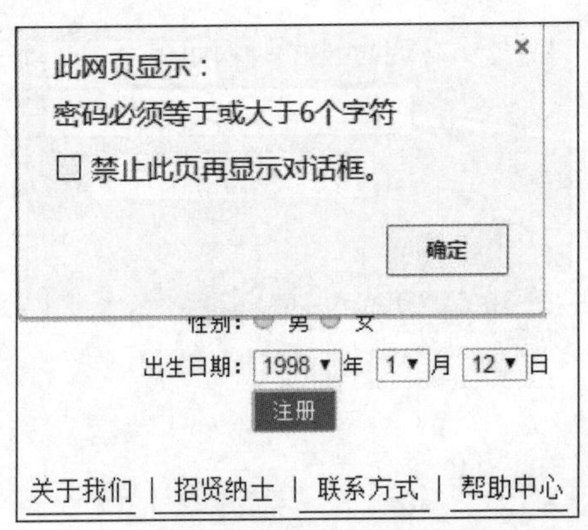

图 5.10　密码必须大于等于 6 个字符

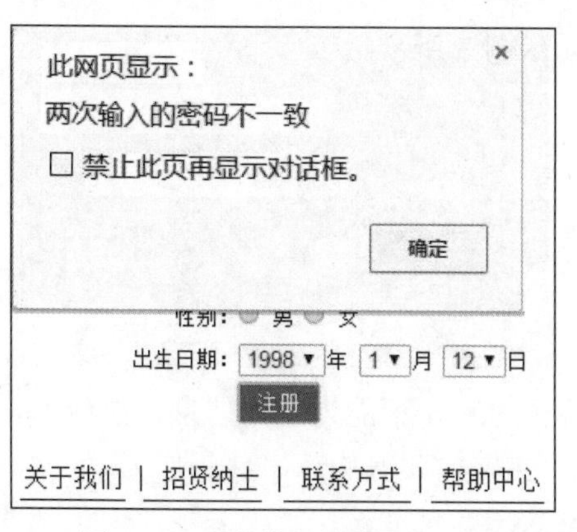

图 5.11　两次输入的密码不一致

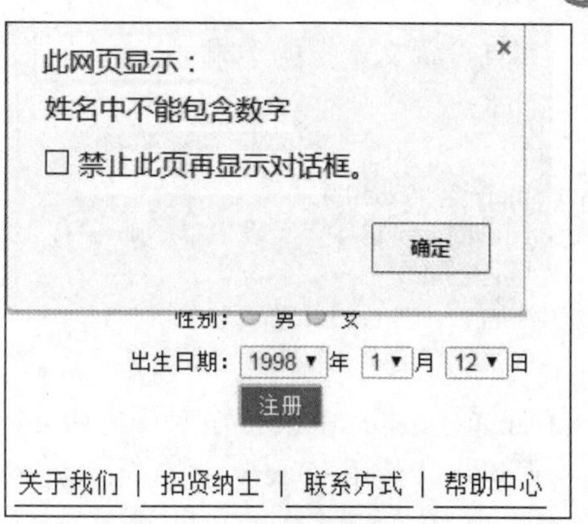

图 5.12　姓名中不能包含数字

5.1.4　校验提示特效

1. 表单验证事件和方法

文本框作为一个 HTML DOM 元素，可以应用 DOM 相关的方法和事件，这些方法和事件可改变文本框的效果。表 5.1 列出了常用的事件和方法。

表 5.1　表单验证常用的方法和事件

类　别	名　称	描　述
原生事件绑定方法	onblur	失去焦点，当光标离开某个文本框时触发
	onfocus	获得焦点，当光标进入某个文本框时触发
jQuery 绑定事件方法	blur()	失去焦点，当光标离开某个文本框时触发
	focus()	在文本域中设置焦点，即获得鼠标光标
	select()	选取文本域中的内容，突出显示输入区域的内容

了解了文本框控件可用的常用方法和事件之后，下面应用这些事件来动态地改变文本框的效果。以登录页面中的邮箱文本输入框为例进行讲解，要求如下。

（1）文本框自动显示提示输入正确电子邮箱的信息。

（2）单击文本框时，清除自动提示的文本，并且文本框的边框变为红色。

（3）单击“登录”按钮时，验证 Email 文本框不能为空，并且必须包含字符@和“.”。

（4）当用户输入无效的电子邮件地址时，单击“登录”按钮将弹出错误的提示信息框。

（5）单击提示信息框上的“确定”按钮之后，Email 文本框中的内容将被自动选中并且高亮显示，提示用户重新输入，如图 5.13 所示。

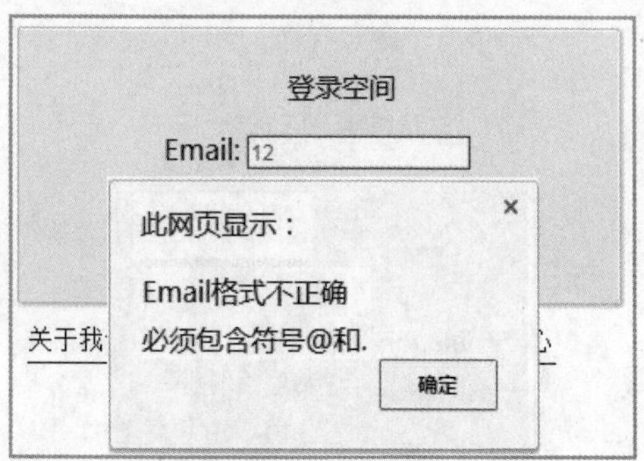

图 5.13　文本框应用了 select( )方法

当单击文本框时清除自动提示的文本信息，使用 onfoucs 事件，通过光标移入文本框，然后调用自定义函数 clearText，把文本框的值设为空

即可，并且设置文本框的边框颜色，关键代码如示例 3 所示。

示例 3：

```
var $mail=$("#email");
if($mail.val()=="请输入正确的电子邮箱"){
    $mail.val("");
    $mail.css("borderColor","#ff0000");
}
```

当 Email 文本框中没有输入任何内容时，弹出 Email 不能为空的信息，然后 Email 文本框获得焦点。使用 jQuery 中的 focus()方法可让文本框获得焦点，代码如下：

```
$("#email").focus();
```

自动选中 Email 文本框中的内容并且高亮显示，要使用 jQuery 中的 select()方法。关键代码如下：

```
$("#email").select( );
```

根据以上的分析，实现如上要求的 JavaScript 代码如示例 4 所示。

示例 4：

行为代码：

```
<script type="text/javascript">
    function check() {
        var mail = $("#email").val();
        if (mail == "") {                          //检测 Email 是否为空
            alert("Email 不能为空");
            $("#email").focus();
            return false;
        }
        if (mail.indexOf("@") == -1 || mail.indexOf(".") == -1) {
            alert("Email 格式不正确\n 必须包含符号@和.");
            $("#email").select();
            return false;
        }
        return true;
}
    function clearText() {
        var $mail = $("#email");
        if ($mail.val() == "请输入正确的电子邮箱") {
            $mail.val("");
            $mail.css("borderColor", "#ff0000");
        }
    }
    $(function () {
        //绑定获得焦点事件
        $("#email").focus(clearText);
        //提交表单
        $("#myform").submit(function () {
            return check();
```

```
            });
        });
    </script>
```

在浏览器中运行时，单击 Email 文本框，将自动清除 Email 提示文本，并且文本框的边框显示为红色。当在 Email 中输入的内容不符合要求时，将弹出对应的提示信息；当在 Email 中输入的内容正确时，将显示登录成功的页面。

以上学习了互联网上表单验证的几种特效，有时当在表单中输入不符合要求的内容时，并不是以弹出提示信息框的方式警示，而是直接在文本框后面显示提示信息，如图 5.14 所示的效果。由于“再输入一遍密码”和“您的姓名”文本框中的内容不符合要求，光标离开文本框时，直接在对应的文本框后面提示错误信息，从而使用户方便、及时、有效地改正输入的错误信息。

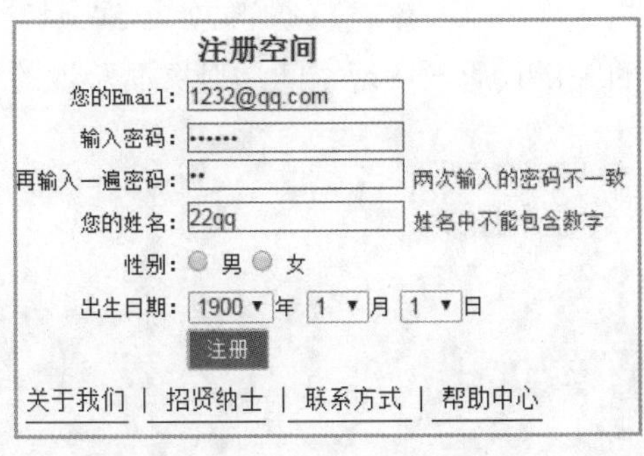

图 5.14　文本输入提示效果

2. 制作文本输入提示特效

文本输入提示特效就是当鼠标离开文本域时，验证文本域中的内容是否符合要求；如果不符合要求，则要即时地提示错误信息。

下面以注册页面为例，学习如何制作文本输入提示特效。

（1）由于错误信息是动态显示的，可以把错误信息动态地显示在 div 中，然后使用 jQuery 的 html()方法，设置<div>和</div>之间的内容。以 Email 为例，表单元素和相关错误信息显示的 HTML 代码如下：

```
<input id="email" type="text" class="inputs" />
<div class="red" id="DivEmail"></div>
```

（2）编写脚本验证函数。首先设置 div 中的内容为空，然后验证 Email 是否符合要求；如果不符合要求，则使用 html()方法在 div 中显示错误信息，代码如下：

```
function checkEmail() {
    var $mail = $("#email");
    var $divID = $("#DivEmail");
    $divID.html("");
    if ($mail.val() == "") {
        $divID.html("Email 不能为空");
        return false;
    }
    if ($mail.val().indexOf("@") == -1) {
```

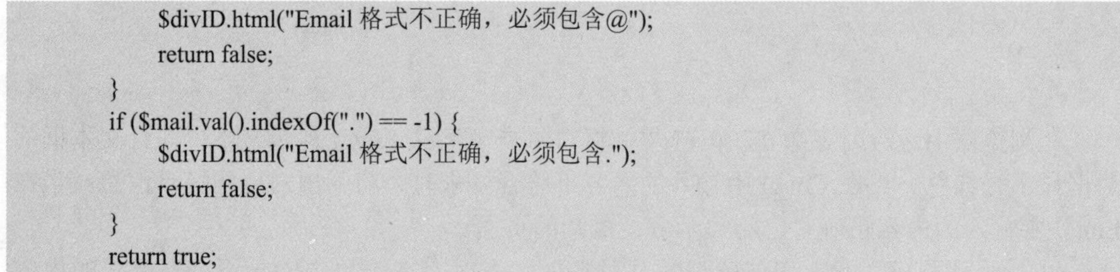

```
            $divID.html("Email 格式不正确，必须包含@");
            return false;
        }
        if ($mail.val().indexOf(".") == -1) {
            $divID.html("Email 格式不正确，必须包含.");
            return false;
        }
        return true;
    }
```

Note

（3）由于页面中的错误提示信息都是当鼠标指针离开文本域时显示的，因此可以知道是鼠标失去焦点时出现的即时提示信息，所以要用到前面学过的 blur()事件方法。以验证 Email 为例，代码如下。

```
$("#email").blur(checkEmail);                        //checkEmail 为验证函数
```

根据以上分析及给出的关键代码，实现空间注册页面验证的代码，如下所示。

行为代码：

```
<script type="text/javascript">
    //验证 Email
    function checkEmail() {
        //省略代码
    };
    //验证密码
    function checkPass() {
        var $pwd = $("#pwd");
        var $divID = $("#DivPwd");
        $divID.html("");
        if ($pwd.val() == "") {
            $divID.html("密码不能为空");
            return false;
        }
        if ($pwd.val().length < 6) {
            $divID.html("密码必须等于或大于 6 个字符");
            return false;
        }
        return true;
    };
    //验证重复密码
    function checkRePass() {
        var $pwd = $("#pwd");                        //输入密码
        var $repwd = $("#repwd");                    //再次输入密码
        var $divID = $("#DivRepwd");
        $divID.html("");
        if ($pwd.val() != $repwd.val()) {
            $divID.html("两次输入的密码不一致");
            return false;
        }
        return true;
    };
```

```
        //验证用户名
        function checkUser() {
            //省略代码
        };
        $(function () {
            //绑定失去焦点事件
            $("#email").blur(checkEmail);
            $("#pwd").blur(checkPass);
            $("#repwd").blur(checkRePass);
            $("#user").blur(checkUser);
            //提交表单，调用验证函数
            $("#myform").submit(function () {
                var flag = true;
                if (!checkEmail()) flag = false;
                if (!checkPass()) flag = false;
                if (!checkRePass()) flag = false;
                if (!checkUser()) flag = false;
                return flag;
            });
        }
        });
    </script>
```

在浏览器中运行时，单击 Email 文本输入框，然后什么内容也没有输入，若鼠标离开 Email 文本框，将提示“Email 不能为空”的错误信息，如图 5.15 所示。如果 Email 输入的内容不符合要求，将根据情况显示不同的错误信息，如果 Email 输入的内容符合要求，则不会显示任何提示信息。

图 5.15　提示 Email 不能为空

5.2　正则表达式

5.2.1　正则表达式的重要性

在开发 HTML 表单时经常会对用户输入的内容进行验证。例如，前面验证邮箱是否正确，当用户输入的邮箱是 23@.（如图 5.16 所示），然后单击“登录”按钮进行 Email 验证

Note

时，却不会给出错误提示，检测的结果认为这是一个正确的邮箱地址。

然这并不是一个正确的邮箱，但检测却认为是正确的，为什么会出现这样的情况呢？因为在验证邮箱时，只检测邮箱地址中是否包含符号“@”和“.”，这样简单的验证是不能严谨地确认邮箱是否正确的。下面看一个非常严谨的邮箱验证示例，如图 5.17 所示，当输入 rose.@sina.时，检测的结果是电子邮件格式不正确；重新输入 rose@sina.c，检测结果仍然不正确；当输入 rose@sina.com 时检测通过。

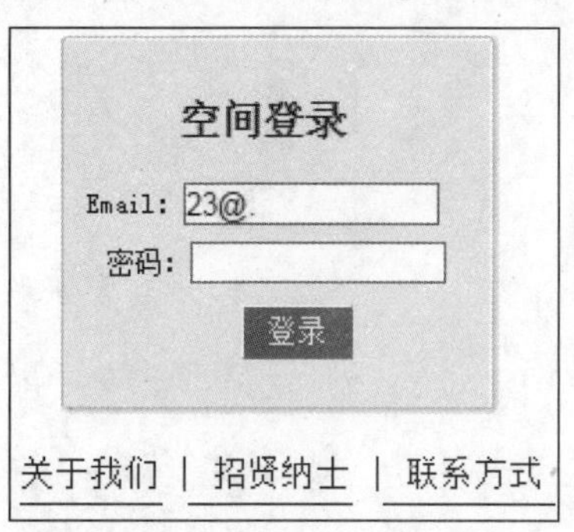

图 5.16　邮箱验证

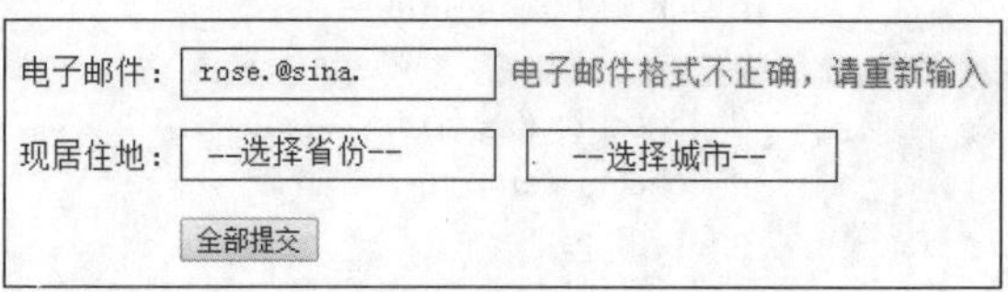

图 5.17　电子邮件格式验证

严谨的验证邮箱地址的代码如下：

```
function checkEmail(){
    var email=$("#email").val();
    var $email_prompt=$("#email_prompt");
    $email_prompt.html("");
    var reg= /^\w+@\w+(\.[a-zA-Z]{2,3}){1,2}$/;
    if(reg.test(email) ==false){
        $email_prompt.html("电子邮件格式不正确，请重新输入");
        return false;
    }
    return true;
}
```

在实际工作和生活中，对表单的验证并不仅仅是内容长度的验证，还有验证内容是否为数字或字母。例如电话号必须是“区号-电话号码”（如图 5.18 所示），年、月、日必须是“2017-01-01”形式等。如果使用前面的介绍方法编写代码，代码量会非常大，工作效率低，如果使用正则表达式的话，代码就会简洁很多，也会提高工作效率，验证的内容也会非常准确。

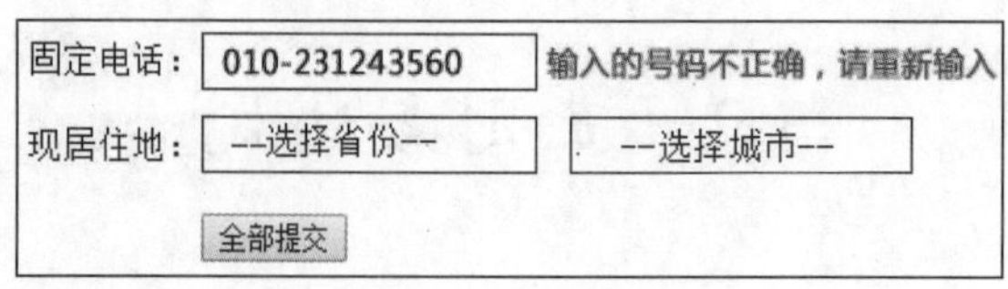

图 5.18　验证固定电话

5.2.2　什么是正则表达式

正则表达式（Regular Expression，即 RegExp 对象）是一个描述字符模式的对象，它

是由一些特殊的符号组成的，这些符号和在 SQL Server 中学过的通配符一样，其组成的字符模式用来匹配各种表达式。它是对字符串执行模式匹配的强大工具。简单的模式可以是一个单独的字符，复杂的模式包括了更多的字符，如验证电子邮件地址、电话号码、身份证号码等字符串。

1. 定义正则表达式

定义正则表达式有两种构造形式，一种是普通方式，另一种是构造函数的方式。

（1）普通方式

普通方式的语法格式如下：

```
var reg=/表达式/附加参数
```

表达式：一个字符串代表了某种规则，其中可以使用某些特殊字符来代表特殊的规则，后面会详细介绍。

附加参数：用来扩展表达式的含义，主要有以下 3 个参数。

- g：代表可以进行全局匹配。
- i：代表不区分大小写匹配。
- m：代表可以进行多行匹配。

上面 3 个参数可以任意组合，代表复合含义，当然也可以不加参数。例如：

```
var reg=/white/;
var reg=/white/g;
```

（2）构造函数

构造函数方式的语法格式如下：

```
var reg=new RegExp("表达式","附加参数");
```

不管是使用普通方式还是使用构造函数的方式定义正则表达式，都需要规定表达式的模式，那么怎样去规定一个表达式呢？

2. 表达式的模式

从规范上讲，表达式的模式分为简单模式和复合模式。

（1）简单模式

简单模式是指通过普通字符的组合来表达的模式。例如：

```
var reg=/china/;
var reg=/abc8/;
```

（2）复合模式

复合模式是指含有通配符来表达的模式，这里的通配符与 SQL Server 中的通配符相似。例如：

```
var reg=/^\w+$/;
```

其中+、\w、^和$都是通配符，代表着特殊的含义，因此复合模式可以表达更为抽象化的规则模式。

以上介绍了什么是正则表达式，那么如何匹配一个正则表达式呢？例如，前面验证电

Note

子邮箱的正则表达式“reg= /^\w+@\w+(\.[a-zA-Z]{2,3}){1,2}$/”，这些符号都表示什么意义呢？表 5.2 列出了正则表达式中常用的符号和用法。

表 5.2 正则表达式的常用符号

符　号	描　述
/…/	代表一个模式的开始和结束
^	匹配字符串的开始
$	匹配字符串的结束
\s	任何空白字符
\S	任何非空白字符
\d	匹配一个数字字符，等价于[0-9]
\D	除了数字之外的任何字符，等价于[^0-9]
\w	匹配一个数字、下划线或字母字符，等价于[A-Za-z0-9_]
\W	任何非单字字符，等价于[^a-zA-z0-9_]
.	除了换行符之外的任意字符

从前面验证邮箱的正则表达式可以看出，字符“@”前后的字符可以是数字、字母或下划线，但是在字符“.”之后的字符只能是字母，那么{2,3}是什么意思呢？有时我们会希望某些字符在一个正则表达式中出现规定的次数，表 5.3 列出了正则表达式中重复次数的字符。

表 5.3 正则表达式的重复字符

符　号	描　述
{n}	匹配前一项 n 次
{n,}	匹配前一项 n 次，或者多次
{n,m}	匹配前一项至少 n 次，但是不能超过 m 次
*	匹配前一项 0 次或多次，等价于{0,}
+	匹配前一项 1 次或多次，等价于{1,}
?	匹配前一项 0 次或 1 次，也就是说前一项是可选的，等价于{0,1}

从表 5.3 中可以看出，电子邮件字符“.”后只能是两个或 3 个字母，字符串“(\.[a-zA-Z]{2,3}){1,2}”表示字符“.”后加 2～3 个字母，可以出现一次或两次，即匹配“.com”“.com.cn”这样的字符串。

表 5.2 和表 5.3 中的符号称为元字符，可以看到$、+、?等符号被赋予了特殊的含义。在 JavaScript 中，使用反斜杠“\”来进行字符转义，将这些元字符作为普通字符来进行匹配。例如，正则表达式中的“\$”用来匹配美元符号，而不是行尾。类似地，正则表达式中的“\.”用来匹配点字符，而不是任何字符的通配符。

5.2.3 正则表达式的应用

了解了如何定义一个正则表达式，那么在实际工作应用中，经常使用正则表达式验证

Note

哪些内容呢？针对如图 5.19 和图 5.20 所示的两个新用户注册页面，需要验证的内容有用户名、密码、电子邮箱、验证码等，主要是检查输入的内容是否是中文字符、英文字母、数字、下划线等，以及对输入内容的长度验证。例如，用户名是否只有中文字符、英文字母、数字及下划线，手机号码是否由数字组成。

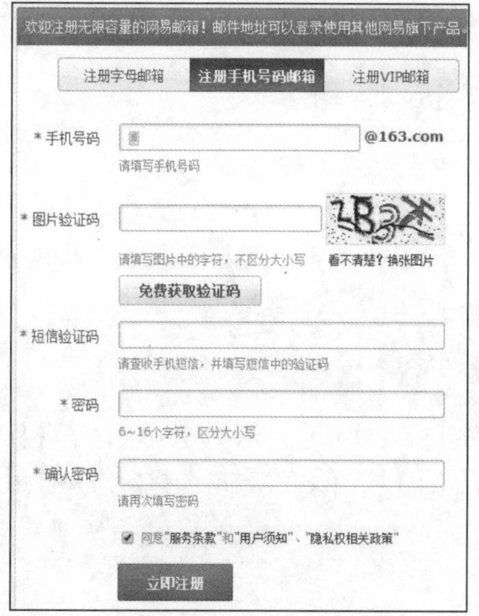

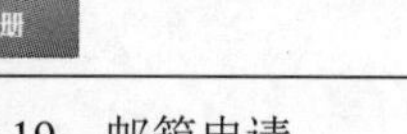

图 5.19　邮箱申请

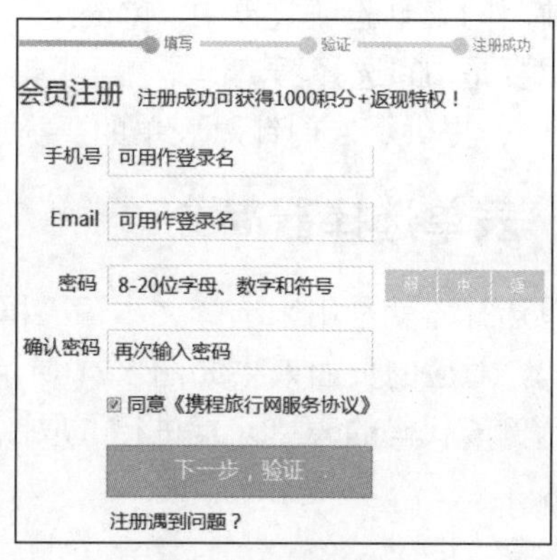

图 5.20　新用户注册

例如，图 5.20 中手机号码的验证，中国手机号码都是 11 位，并且第 1 位都是 1，因此对手机号码进行验证的正则表达式如下。

```
var regMobile=/^1\d{10}$/;
```

验证手机号码的完整代码如示例 5 所示。

示例 5：

结构代码：

```
<body>
    机号码：<input id="mobile" type="text" onblur="checkMobile()" />
    div id="mobile_prompt"></div>
</body>
```

行为代码：

```
<script type="text/javascript">
    function checkMobile() {
        var mobile = $("#mobile").val();
        var $mobileId = $("#mobile_prompt");
        var regMobile = /^1\d{10}$/;
        if (regMobile.test(mobile) == false) {
            $mobileId.html("手机号码不正确，请重新输入");
            return false;
        }
        $mobileId.html("");
```

```
        return true;
    }
</script>
```

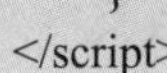

在浏览器中运行时，如果在手机号码输入框中输入的不全是数字，或第 1 位不是 1，或长度不是 11 位，均提示错误。

5.3 表单选择器

在前面的表单验证效果中，jQuery 的一个主要作用就是使用选择器获取元素，所用的选择器主要是 ID 选择器，但是在一些复杂的表单中，有时候需要获取多个表单元素，事实上 jQuery 提供了专门针对表单的一类选择器，这就是表单选择器。

5.3.1 表单选择器简介

表单选择器就是用来选择文本输入框、按钮等表单元素。示例 6 中包含了各种表单元素的代码，对应的页面效果如图 5.21 所示。表 5.4 列举了各种表单选择器，并使用这些选择器对示例 6 代码的表单元素进行选取。

示例 6：

结构代码：

```
<div class="main">
    <form method="post" name="myform" id="myform">
        <table id="center" border="0" cellspacing="0" cellpadding="0">
            <tr>
                <td class="bold" colspan="2">注册休闲网</td>
            </tr>
            <tr>
                <td class="left">您的 Email：</td>
                <td>
                    <input type="hidden" name="userId" />
                    <input id="email" type="text" class="inputs" /></td>
            </tr>
            <tr>
                <td class="left">输入密码：</td>
                <td><input id="pwd" type="password" class="inputs" /></td>
            </tr>
            <tr>
                <td class="left">再输入一遍密码：</td>
                <td><input id="repwd" type="password" class="inputs" /></td>
            </tr>
            <tr>
                <td class="left">您的姓名：</td>
                <td><input id="user" type="text" class="inputs" /></td>
            </tr>
            <tr>
```

```
                <td class="left">性别：</td>
                <td><input name="sex" type="radio" value="1" checked="checked" />
               男<input name="sex" type="radio" value="0" />
               女</td>
            </tr>
            <tr>
               <td class="left">出生日期：</td>
               <td>
                    <select name="year">
                        <option value="1998">1998</option>
                    </select>年
                    <select name="month">
                        <option value="1">1</option>
                    </select>月
                    <select name="day">
                        <option value="12">12</option>
                    </select>日
               </td>
            </tr>
            <tr>
                <td class="left">爱好：</td>
                <td>
                     <input type="checkbox" checked="checked" />编程
                     <input type="checkbox" />读书
                    <input type="checkbox" />运动
                </td>
            </tr>
            <tr>
                <td class="left">您的头像：</td>
                <td>
                     <input id="fileImgHeader" type="file" />
                     <img id="imgHeader" src="images/header1.jpg" />
                     <input type="image" src="images/header2.jpg" />
                </td>
            </tr>
            <tr>
                <td> </td>
                <td>
                     <input name="btn" type="submit" value="注册" class="rb1" /> 
                     <input name="btn" type="reset" value="重置" class="rb1" />
                     <input type="button" style="display: none" />
                     <button type="button" style="display: none"></button>
                </td>
            </tr>
        </table>
    </form>
</div>
<div id="footer" class="main"><a href="#">关于我们</a> | <a href="#">招贤纳士</a> |<a href="#"> 联
系方式</a>  | <a href="#">帮助中心</a></div>
```

行为代码：

```
<script type="text/javascript">
    $(function () {
        var html = "";
        $("#myform:image").each(
            function () {
                html += $("<div></div>").append($(this).clone()).html();
            }
        });
            alert(html);
    });
</script>
```

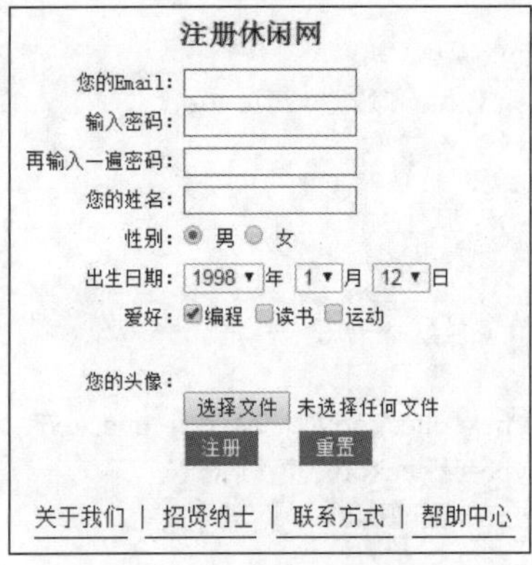

图 5.21　表单选择器示例表单

表 5.4　表单选择器

语　法	描　述	示　例
:input	匹配所有 input、textarea、select 和 button 元素	$("#myform:input")选取表单中所有的 input、select 和 button 元素
:text	匹配所有单行文本框	$("#myform:text")选取 Email 和姓名两个 input 元素
:password	匹配所有密码框	$("#myform :password")选取两个<input type="password"/>元素
:radio	匹配所有单项按钮	$("#myform:radio")选取性别对应的两个<input type="radio" />元素
:checkbox	匹配所有复选框	$("#myform:checkbox")选取 3 个<input type="checkbox " />元素
:submit	匹配所有提交按钮	$("#myform :submit")选取 1 个<input type="submit " />元素
:image	匹配所有图像域	$("#myform :image")选取 1 个<input type=" image" />元素
:reset	匹配所有重置按钮	$("#myform :reset")选取 1 个<input type=" reset " />元素
:button	匹配所有按钮	$("#myform :button")选取最后 2 个 button 元素
:file	匹配所有文件域	$("#myform :file")选取 1 个<input type=" file " />元素
:hidden	匹配所有不可见元素，或者 type 为 hidden 的元素	$("#myform:hidden")选取的元素包括 3 个 option 元素、1 个<input type=" hidden" />元素、style="display: none"的两个 button 元素

除了基本的表单选择器，jQuery 中还提供了针对表单元素的属性过滤器，按照表单元素的属性获取特定属性的表单元素。示例 7 展示了包含了不同属性的表单元素，对应的效果图如图 5.22 所示。表 5.5 展示了各种表单元素属性过滤器，并使用这些属性过滤器选取如下代码中的表单元素。

示例 7：

结构代码：

```
<form id="userform" name="userform">
    编号：<input name="code" disabled="disabled" />
    姓名：<input name="name" />
    性别：<input name="sex" type="radio" value="1"   checked="checked"/>男
          <input name="sex" type="radio" value="0" />女
    爱好：<input type="checkbox" checked="checked" />编程
          <input type="checkbox" />读书
          <input type="checkbox" />运动
    家乡：
          <select name="hometown">
              <option value="1" selected="selected">北京</option>
              <option value="2">上海</option>
              <option value="3">天津</option>
          </select>
</form>
```

图 5.22　表单属性过滤器示例表单

表 5.5　表单属性过滤器

语　法	描　述	示　例
:enabled	匹配所有可用元素	$("#userform:enabled")匹配 form 内部除编号输入框外的所有元素
:disabled	匹配所有不可用元素	$("#userform:disabled")匹配编号输入框
:checked	匹配所有被选中元素（复选框、单项按钮、select 中的 option）	$("#userform:checked")匹配“性别”中的“男”选项和“爱好”中的“编程”选项
:selected	匹配所有选中的 option 元素	$("#userform:selected") 匹配“家乡”中的“北京”选项

5.3.2　验证多行数据

在现实的信息系统开发中，通常需要批量提交数据，如图 5.23 所示的页面效果，可以一次性提交多条供应商的数据，在提交之前需要对所有的数据进行验证。其中所有的信息

Note

都必须填写，银行账号必须是 13～19 位的数字。

供应商名称		开户行		银行账号	
背景		工商银行		222	银行账号有误
	请输入供应商名称		请输入开户行		请输入银行账号
	请输入供应商名称		请输入开户行		请输入银行账号
	请输入供应商名称		请输入开户行		请输入银行账号
	请输入供应商名称		请输入开户行		请输入银行账号
全部提交					

图 5.23　验证供应商信息

对应的表单的主要代码如示例 8 所示。

示例 8：

结构代码：

```
<form method="post" id="vendorForm">
    <table cellspacing="1" cellpadding="3">
        <tr align="left">
            <td>
                <input id="venders_0_CompanyName" type="text" name="venders[0].CompanyName">
            </td>
            <td>
                <input id="venders_0_Bank" type="text" name="venders[0].Bank">
            </td>
            <td>
                <input id="venders_0_Account" type="text"name="venders[0].Account">
            </td>
        </tr>
        <tr align="left">
            <td>
               <input id="venders_1_CompanyName" type="text"name="venders[1].CompanyName">
            </td>
            <td>
               <input id="venders_1_Bank" type="text" name="venders[1].Bank">
            </td>
            <td>
               <input id="venders_1_Account" type="text" name="venders[1].Account">
            </td>
        </tr>
    </table>
    <p><input value="全部提交" type="submit"></p>
</form>
```

思路分析

（1）分析这个页面，可以看出每一列数据都有不同的验证需求，验证规则不一致，验证提示不一致，因此可以针对每一种数据编写验证函数。其中验证供应商名称的代码如下：

```
//验证供应商名称
function checkCompanyName($name) {
```

```
        if ($name.val() == "") {                              //验证不通过，显示提示
            if ($name.find("~span").length == 0) {
                $name.after("<span>请输入供应商名称</span>");
            }
            return false;
        }
        else {                                                //验证通过，清除提示
            $name.find("~span").remove();
            return true;
        }
    }
```

在上述代码中，$name 表示要验证的输入框元素，提示信息采用的是动态添加 DOM 的方式，在表单元素后面动态添加一个提示信息。为了避免提示信息的<span/>元素重复添加，因此使用$name.find("~span")判断该元素是否已存在，"~span"选择器用来查找输入框的兄弟<span/>元素。

（2）下面要做到表单元素失去焦点时激发验证，使用 blur()事件方法绑定前面实现的验证函数。以“供应商名称”输入框为例，id 分别是“venders_0_CompanyName”、“venders_1_CompanyName”……可以看出一个规律，所有输入框都以序号区分不同行的“供应商名称”输入框，利用这个规律，结合前面表单选择器的知识，就可以做到一次性把所有的“供应商名称”输入框绑定验证函数，代码如下：

```
//激发验证供应商名称
$(function () {
    $(":input[id*='CompanyName']").blur(function () {
        checkCompanyName($(this));
    });
})
```

在上述代码中，表单选择器和属性选择器配合使用，用来查找 ID 值中包含 Company Name 的表单元素。

（3）提交表单时，激发对所有表单元素的验证，利用上一步分析的选择器，可以获取到所有的输入框，然后对每个输入框进行相应的验证。需要使用到 jQuery 的 each()方法，相当于循环获取到的 DOM 元素，然后执行验证规则。用法如下面的代码所示：

```
var flag = true;
$(":input[id*='CompanyName']").each(function () {
    if (!checkCompanyName($(this))) flag = false;
});
```

完整的客户端验证代码如下所示。

行为代码：

```
//验证供应商名称
function checkCompanyName($name) {
    //省略代码
}
//验证开户行
function checkBank($bank) {
```

Note

```
        if ($bank.val() == "") {
            if ($bank.find("~span").length == 0) {
                $bank.after("<span>请输入开户行</span>");
            }
            return false;
        }
        else {
            $bank.find("~span").remove();
            return true;
        }
    }
    //验证银行账号
    function checkAccount($account) {
        //必填验证
        if ($account.val() == "") {
            $account.find("~span").remove();
            $account.after("<span>请输入银行账号</span>");
            return false;
        }
        else {
            var reg = /^\d{13,19}$/;     //匹配 13~19 位银行卡号
            if (reg.test($account.val()) == false) {
                $account.find("~span").remove();
                $account.after("<span>银行账号有误</span>");
                return false;
            }
            else {
                $account.find("~span").remove();
                return true;
            }
        }
    }
    $(function () {
        //输入框失去焦点验证
        $(":input[id*='CompanyName']").blur(function () {
            checkCompanyName($(this));
        });
        $(":input[id*='Bank']").blur(function () {
            checkBank($(this));
        });
        $(":input[id*='Account']").blur(function () {
            checkAccount($(this));
        });
        //表单提交验证
        $("#vendorForm").submit(function () {
            var flag = true;
            $(":input[id*='CompanyName']").each(function () {
                if (!checkCompanyName($(this))) flag = false;
            });
            $(":input[id*='Bank']").each(function () {
```

```
            if (!checkBank($(this))) flag = false;
        });
        $(":input[id*='Account']").each(function () {
            if (!checkAccount($(this))) flag = false;
        });
        return flag;
    });
})
```

技 能 训 练

实战案例 1：验证注册页面的电子邮箱

需求描述

根据提供的网站注册页面，如图 5.24 所示，验证电子邮箱输入框中输入内容的有效性，要求如下。

（1）电子邮箱不能为空。

（2）电子邮箱中必须包含符号“@”和“.”。

（3）当电子邮箱输入框中的内容正确时，页面跳转到注册成功页面（register_success.htm）。

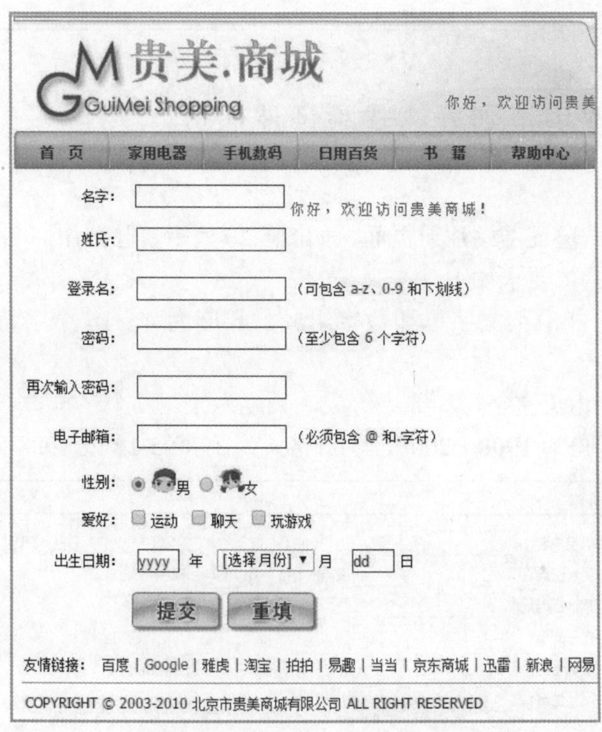

图 5.24　网站注册页面

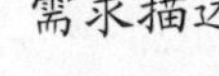

实战案例 2：使用文本提示的方式，验证注册页面

需求描述

使用文本输入提示的方式验证网站的注册页面，验证要求如下。

（1）名字和姓氏均不能为空，并且不能有数字。

（2）密码不能少于 6 位，两次输入的密码必须相同。

（3）电子邮箱不能为空，并且必须包含符号“@”和“.”。

（4）页面完成后，如果文本框中输入的内容不符合要求，离开该文本框，将在对应的文本框后面显示错误的提示信息，如图 5.25 所示。

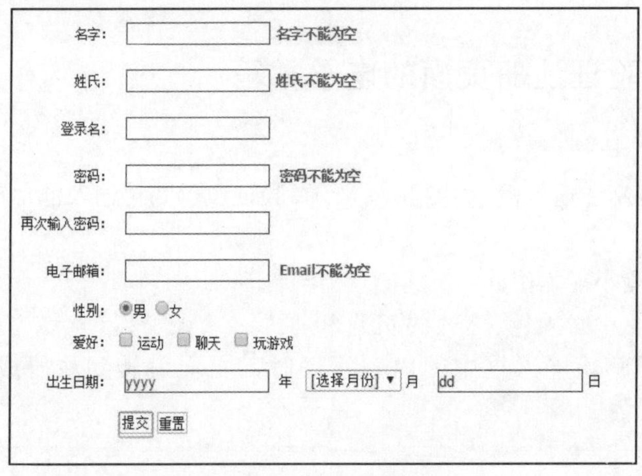

图 5.25　错误的文本提示

实战案例 3：使用正则表达式验证注册页

需求描述

使用正则表达式验证网站注册页面，如图 5.26 所示，验证用户名、密码、电子邮箱、手机号码和生日，具体要求如下。

（1）用户名只能由英文字母和数字组成，长度为 4～16 个字符，并且以英文字母开头。

（2）密码只能由英文字母和数字组成，长度为 4～10 个字符。

（3）生日的年份为 1900～2009，生日格式为 1980-5-12 或 1988-05-04 的形式。

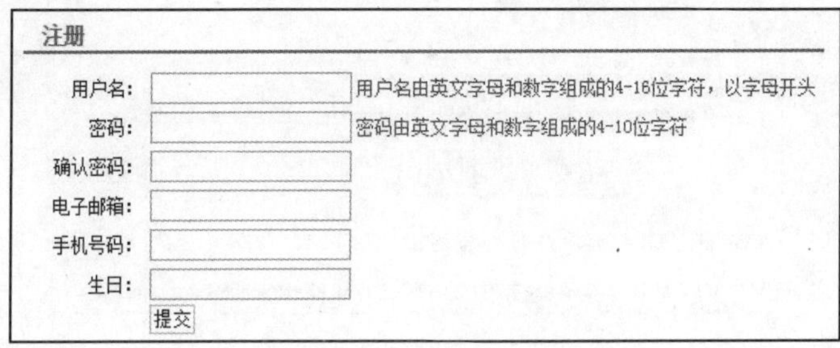

图 5.26　员工信息模块

实战案例 4：实现工作经历动态维护表单和验证

需求描述

实现如图 5.27 所示的工作经历维护动态表单。通过该表单可以同时提交多条工作经历记录，每一条工作经历包括“公司”、“开始时间”和“结束时间”信息，要求如下。

（1）每项信息必须填写，“开始时间”和“结束时间”必须是以“年”和“月”组成的 6 位数字，如“199906”“200112”。

（2）提供动态生成表单功能，即单击表单中的“添加一条”链接，则生成一行新的信息输入区。页面默认有一行信息输入区。

公司	开始时间	结束时间
腾讯	201501	201508
搜狐	201602	201609
*	*	*

添加一条

全部提交

图 5.27　工作经历维护

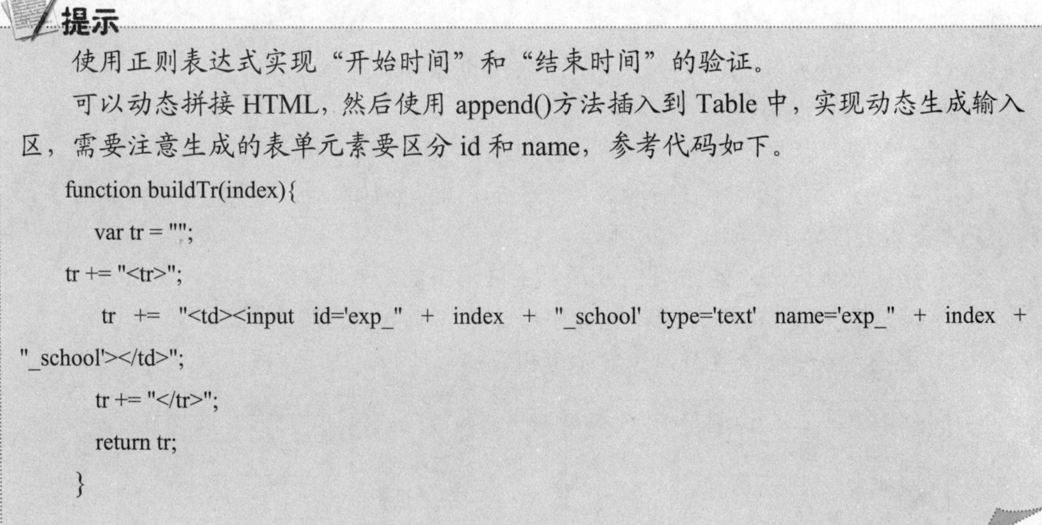

提示

使用正则表达式实现“开始时间”和“结束时间”的验证。

可以动态拼接 HTML，然后使用 append()方法插入到 Table 中，实现动态生成输入区，需要注意生成的表单元素要区分 id 和 name，参考代码如下。

```
function buildTr(index){
    var tr = "";
tr += "<tr>";
    tr += "<td><input id='exp_" + index + "_school' type='text' name='exp_" + index + "_school'></td>";
    tr += "</tr>";
    return tr;
}
```

本 章 总 结

- 表单校验的常见内容包括验证输入是否为空、验证数据格式是否正确、验证数据的范围、验证数据的长度等。

Note

- 在表单校验中通常需要用到 String 对象的成员，包括 indexOf()、substring()和 length 等。
- 表单校验中常用的两个事件是 onsubmit 和 onblur，常用来激发验证。
- 使用正则表达式可验证用户输入的内容，如验证电子邮箱地址、电话号码等。
- 定义正则表达式有两种构造形式，一种是普通方式，另一种是构造函数的方式。
- 正则表达式的模式分为简单模式和复合模式。
- 通常使用 RegExp 对象的 test()方法检测一个字符串是否匹配某个模式。
- String 对象定义了使用正则表达式来执行强大的模式匹配和文本检索与替换函数的方法。
- 使用表单选择器和表单属性过滤器可以方便地获取匹配的表单元素。

本 章 作 业

1. 制作注册页面，使用 JavaScript 验证用户名、密码等表单数据的有效性，要求如下。

（1）使用表单 form 的 onsubmit 事件，根据验证函数的返回值是 true 或 false 来决定是否提示表单。

（2）用户名不能为空，长度为 4～12 个字符，并且用户名只能由字母、数字和下划线组成。

（3）密码长度为 6～12 个字符，两次输入的密码必须一致。

（4）必须选择性别。

（5）电子邮件地址不能为空，并且必须包含字符“@”和“.”。

（6）错误提示信息显示在对应表单元素的后面。例如，若用户名中包含非法字符，需在文本框后进行提示，如图 5.28 所示。

2. 使用正则表达式验证如图 5.29 所示的注册页面，要求如下。

（1）用户名为 5～16 个字符，包含字母、数字和下划线，首位必须是字母。

（2）密码为 4～10 个字符，包含字母和数字。

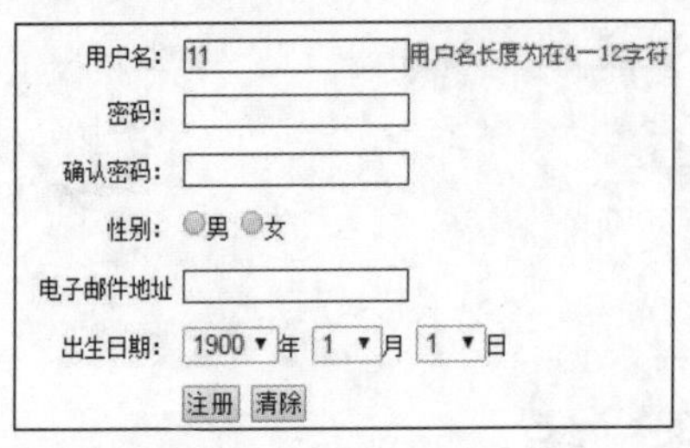

图 5.28　用户名错误提示

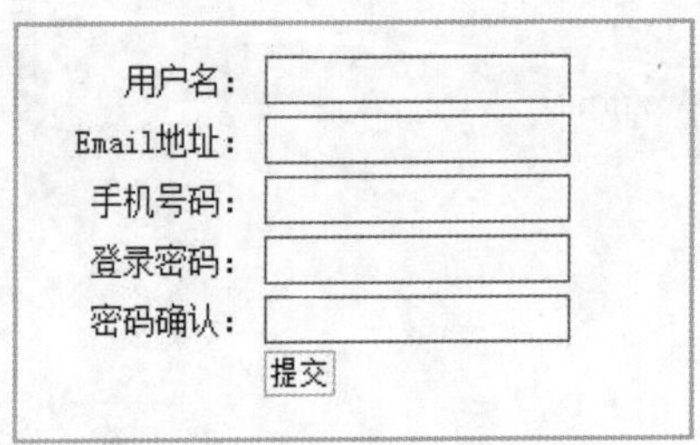

图 5.29　用户注册

第6章 AJAX

本章简介

随着互联网的飞速发展，Web技术日新月异。用户期盼在浏览网页时，就像在使用自己计算机上的桌面程序一样，能够方便、迅速地进行每一项操作；而以用户为主体创建网站内容（信息）的时代，对用户体验的重视被提到了前所未有的高度。在这样的背景下，AJAX迅速成为流行的网站开发技术。AJAX使浏览器与桌面程序之间的距离越来越近。

本章围绕AJAX的基本概念，介绍异步链接服务器对象XMLHttpRequest以及AJAX的一些实例，并对AJAX技术进行全面的分析。

本章任务

- 掌握AJAX技术的原理
- 使用jQuery编写AJAX客户端程序

本章目标

- 掌握AJAX技术的原理
- 会编写AJAX服务器端程序
- 掌握用jQuery编写AJAX客户端程序的方法

预习作业

1. 样式和主题的作用是什么？在使用时有何区别？
2. 如何通过BaseAdapter为ListView绑定数据？

3. 简要描述 SeekBar 的监听事件。
4. 简要描述 Notification 的使用步骤。

6.1 初识 AJAX

在用户浏览网页时，无论是打开一段新的评论，还是填写一张调查问卷，都需要反复与服务器进行交互。但是传统的 Web 应用采用同步交互形式，即用户向服务器发送一个请求，然后 Web 服务器根据用户的请求执行相应的任务并返回结果。这是一种十分糟糕的用户体验，常常伴随着长时间的等待以及整个页面的刷新，即通常所说的“白屏”现象。

当整个页面刷新时，就更增加了用户等待时间，数据的重复传递也浪费了大量的资源和网络带宽。通常用户仅仅需要更新页面的一小部分数据就可以了。

AJAX 与传统 Web 应用不同，它采用的是异步交互的方式，它在客户端与服务器之间引入了一个中间媒介，从而改变了同步交互过程中“交互－等待－处理－等待”的模式 。用户的浏览器在执行任务时装载了 AJAX 引擎，该引擎是 JavaScript 编写的，通常位于页面的框架中，负责转发客户端和服务器之间的交互。另外，通过 JavaScript 调用 AJAX 引擎，可以使得页面不再被整体刷新，而仅仅是更新用户需要的部分，不但避免了“白屏”现象，还大大节省了带宽，加快了 Web 浏览速度。

如图 6.1 所示的 Google 页面中，搜索输入框提供了自动补全的功能，用户可以自己在页面里加 Tab 页和“小窗口”，“小窗口”可以通过 RSS 聚合内容，随自己的心意定制，不需要的时候还可以将“小窗口”最小化。

图 6.1　Google 个性化搜索界面

AJAX 技术可以通过 JavaScript 异步发送请求到服务器，并获得返回结果，这就让我们在必要的时候只更新页面的一小部分，而不用刷新整个页面，这称为“无刷新”技术。如图 6.2 所示，ChinaRen 首页上的登录功能就使用了 AJAX 技术。输入登录信息，单击“登录”按钮后，只是刷新登录区域的内容。首页上信息很多，这就避免了重复加载，浪费网络资源。

图 6.2　使用 AJAX 刷新局部页面

再看 Google 在线日历的例子，操作的便利性和桌面版的 Outlook 无异，我们可以方便地使用该工具在网上安排日程、查看日程和共享日程，如图 6.3 所示。像这种给用户桌面体验的网上工具正在逐渐改变人们的上网习惯和工作习惯。

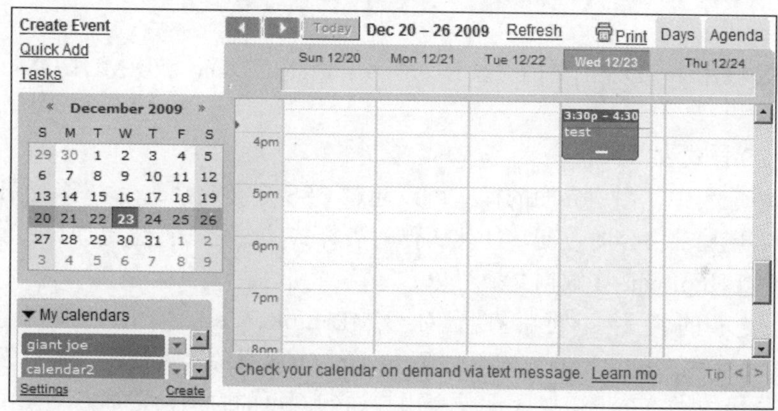

图 6.3　Google 在线日历

最后看 Google 地图的例子。由于采用了 AJAX 技术，可以实现一些以前 B/S 程序很难做到的事情，比如图 6.4 中 Google 地图提供的拖动、放大、缩小等类似桌面程序的用户体验。

图 6.4　类似桌面程序的用户体验

仔细分析上述 AJAX 应用，可以归纳出它的一个特点，那就是不刷新页面或局部刷新页面，比如上面的校友录用户登录，只是刷新登录那块小区域。Google 的搜索提示，实际是生成一个新的页面区域。

6.1.1　AJAX 的关键元素

我们已经知道使用 AJAX 技术可以实现页

面无刷新显示或局部刷新页面，那么它是怎样实现的呢？首先从 AJAX 技术的字面意思说起。

Note

如图 6.5 所示，AJAX 是 Asynchronous（异步的）JavaScript And XML 的首字母缩写。

可以看出，JavaScript 和 XML 是 AJAX 中重要的技术元素，但是 AJAX 技术远不止这两项内容，它还包括 CSS 样式表、XMLHttpRequest 数据交换对象和 DOM 文档对象等技术内容。

图 6.5　AJAX 的含义

（1）JavaScript 语言

JavaScript 是 AJAX 技术的主要开发语言，其开发的代码可以嵌入浏览器中，通过浏览器解释执行。

（2）DOM 文档对象

前面已经学习过 HTML 页面元素在 DOM 中是以树形结构存在的，在 AJAX 技术中，通过 HTML DOM 获取取某个元素，然后通过 DOM 的属性或方法修改局部元素，就可以实现局部刷新。

在 AJAX 应用中，DOM 文档对象分为两种：HTML DOM 和 XML DOM（即 AJAX 中的 XML）。

（3）CSS 样式表

在 AJAX 应用中，用户界面的样式可以通过 CSS 定义或修改。大多数情况下，AJAX 应用不仅要实现局部内容的改变，往往还伴随着样式的变化，产生更加炫目的效果。

（4）XMLHttpRequest 数据交换对象

AJAX 技术的特别之处就在于对 XMLHttpRequest 数据交换对象的使用。XMLHttpRequest 允许以异步的方式（Asynchronous）从服务器端获取数据以及向服务器端发送数据，异步的优点在于可以大大减少用户访问网页的时间，它基本不会中断用户的正常操作。

6.1.2　AJAX 异步连接

在网页中 AJAX 访问是通过 XMLHttpRequest 对象来实现的 XMLHttpRequest 数据交换对象是各种浏览器支持的，我们可以使用 JavaScript 语言创建该数据交换对象，后面将在具体的例子中介绍如何使用它。AJAX 的核心技术也就是 XMLHttpRequest。

（1）AJAX 技术的原理

AJAX 并不是一种全新的技术，而是整合了几种现有的技术：JavaScript、XML、HTML DOM 和 CSS，将这些技术结合起来使用可实现无刷新的页面效果。

（2）获取异步数据

在 AJAX 中，最重要的莫过于获取异步数据，它是连接用户与后台服务器的关键。本节主要介绍 jQuery 中 AJAX 获取异步数据的方法，并通过具体实例分析 load()函数的强大功能与应用细节。

在 JavaScript 中，通过 AJAX 异步获取数据是有固定步骤的，例如希望将数据放入指定的 div 块中，可以用如示例 1 所示的方法。

示例 1：

结构代码：

```
<body>
    <input type="button" value="测试异步通讯" onClick="startRequest()">
    <br><br>
    <div id="target"></div>
</body>
```

行为代码：

```
<script type="text/javascript">
    var xmlHttp;
    function createXMLHttpRequest(){
        if(window.ActiveXObject){
            xmlHttp = new ActiveXObject("Microsoft.XMLHTTP");
        }else if(window.XMLHttpRequest){
            xmlHttp = new XMLHttpRequest();
        };
    };
    function startRequest(){
        createXMLHttpRequest();
        xmlHttp.open("GET","6-1.php",true);
        xmlHttp.onreadystatechange = function(){
            if(xmlHttp.readyState == 4 && xmlHttp.status == 200){
              document.getElementById("target").innerHTML = xmlHttp.responseText;
            };
        };
        xmlHttp.send(null);
    };
</script>
```

此时服务器端简单地返回数据，代码 6-1.php 如下所示。

```
<?phpecho "异步测试成功，很高兴"; ?>
```

以上代码的运行结果如图 6.6 所示。

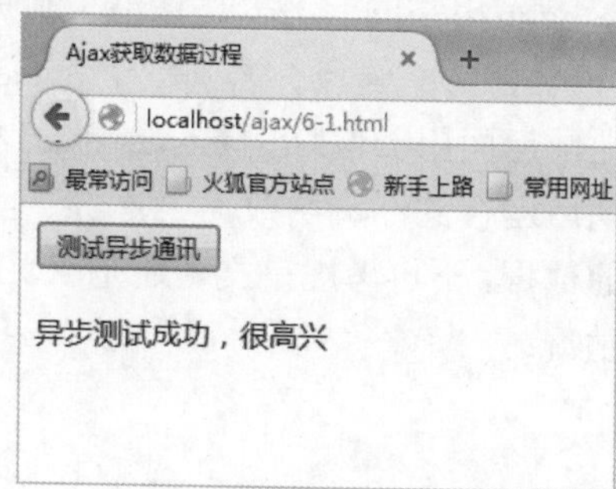

图 6.6　AJAX 获取数据

（3）jQuery 的 load()方法

类似上面介绍的 AJAX 框架，jQuery 将 AJAX 的步骤进行了总结，综合成了几个实用的函数方法。例如上面的示例 1 可以直接用 load()方法一步完成，如示例 2 所示。

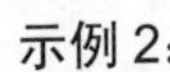

示例 2：

结构代码：

```
<body>
    <input type="button" value="测试异步通讯" onClick="startRequest()">
    <br><br>
    <div id="target"></div>
</body>
```

行为代码：

```
<script type="text/javascript">
    function startRequest(){
        $("#target").load("6-1.php");
    }
</script>
```

其中，服务器端代码仍然采用示例 1 中的 6-1.php 代码，可以看到客户端的代码量大大减少，运行结果如图 6.7 所示，与示例 1 完全相同。

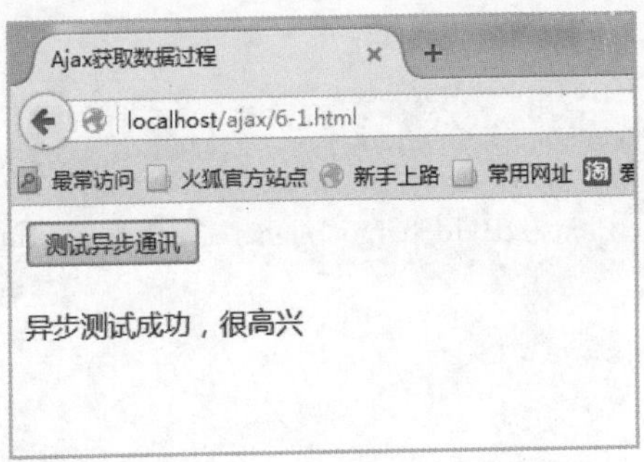

图 6.7　jQuery 简化 AJAX 步骤

load() 方法的语法如下。

```
load(url,[data],[callback])
```

其中 url 为异步请求地址。data 用来向服务器传送请求数据，为可选参数。一旦 data 参数启用，整个请求过程将以 post 的方式进行，否则默认为 Get 方式，如果希望在 Get 方式下也传送数据，可以在 url 地址后面用类似"?dataname=data1&dataname1=data2"的方法。

callback 为 AJAX 加载成功后运行的回调函数。

另外使用 load()方法返回的数据，不再考虑是文本还是 XML，jQuery 会自动进行处理，下面的示例 3 为返回 XML 的情况。

示例 3：

样式代码：

```
<style type="text/css">
    p{font-weight:bold;}
```

```
    span{text-decoration:underline;}
</style>
```

结构代码：

```
<body>
    <input type="button" value="测试异步通讯" onClick="startRequest()">
    <br><br>
    <div id="target"></div>
</body>
```

行为代码：

```
<script language="javascript">
    function startRequest(){
        $("#target").load("6-3.php");
    }
</script>
```

以上代码与示例 2 基本相同，不同之处在于上述代码对<p>标记添加了 CSS 样式风格，服务器返回的 XML 如下（6-2.php）。

```
<?php
    echo ('<?xml Content-Type:text/xml;>');
    echo "<p id='kk'>p 标记<span>内套 span 标记</span></p><span>单独的 span 标记</span>";
?>
```

服务器返回一段 XML 文档，包含<p>标记和<span>标记，页面运行结果如图 6.8 所示，可以看到返回的代码运用了相应的 CSS 样式。

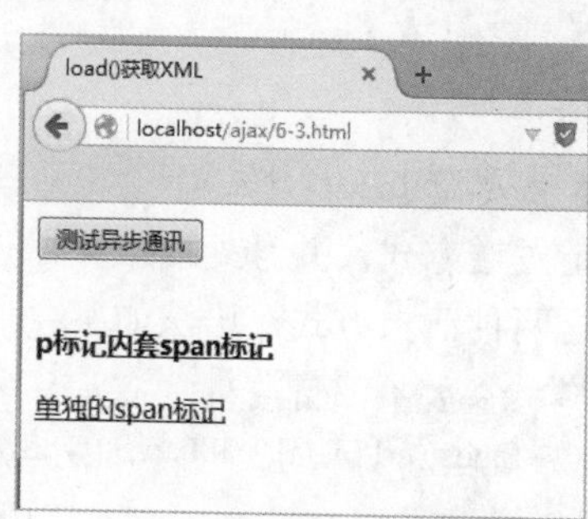

图 6.8　load()获取 XML

从示例 3 中可以看出，采用 load()方法获取的数据时，不需要再单独设置成 response Text 还是 responseXML 另外 load()方法还提供了强大的功能，能够直接筛选 XML 中的标记，只需要在请求的 URL 地址后面空格，然后添加上相应的标记即可，直接修改示例 3 中的代码，如示例 4 所示。

示例 4：

样式代码：

```
<style type="text/css">
    p{font-weight:bold;}
    span{text-decoration:underline;}
</style>
```

结构代码：

```
<body>
    <input type="button" value="测试异步通讯" onClick="startRequest()">
    <br><br>
    <div id="target"></div>
</body>
```

行为代码：

```
<script type="text/javascript">
    function startRequest(){
        $("#target").load("6-2.php span");
    }
</script>
```

运行结果如图 6.9 所示，与示例 3 的结果对比可以看到，只有<span>标记被获取，<p>标记被过滤掉了。

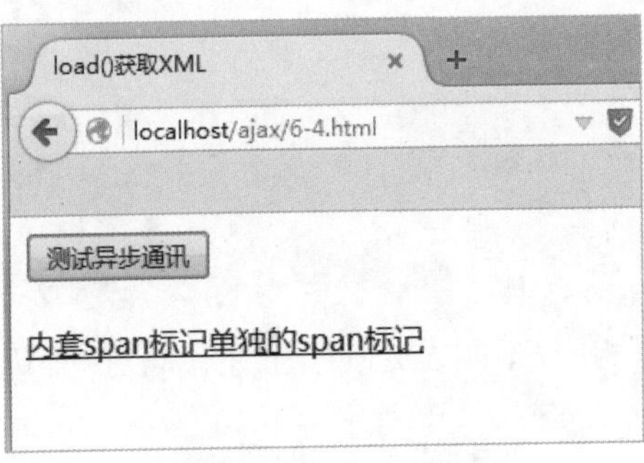

图 6.9 load()过滤标记

6.2 GET 和 POST 方法

尽管 load()方法可以实现 GET 和 POST 两种方式，但很多时候开发者还是希望能够制定发送方式，并且处理服务器返回的值。jQuery 提供了$.get()和$.post()两种方法分别针对这两种请求方式，语法如下：

```
$.get(url,[data],[callback])
$.post(url,[data],[callback],[type])
```

其中，url 为请求地址，data 为请求数据的列表，是可选参数，callback 为请求成功后的回调函数，该函数接受两个参数，第一个参数为服务器返回的数据，第二个参数为服务器的状态，是可选参数。$.post()中的 type 为请求数据的类型，可以是 HTML、XML、JSON 等。在这一节里我们将利用 jQuery 的方法，来对比 GET 和 POST 两种异步请求方式，如示例 5 和示例 6 所示。

示例 5：

结构代码：

```
<body>
    <button>发送一个 HTTP GET 请求并获取返回结果</button>
</body>
```

行为代码：

```
<script>
    $(document).ready(function(){
        $("button").click(function(){
```

```
            $.get("6-3.php",function(data,status){
                alert("数据: " + data + "\n 状态: " + status);
            });
        });
});
</script>
```

服务器端代码（6-3.php）如下：

```
<?php
    echo '这是个从 PHP 文件中读取的数据。';
?>
```

生成效果如图 6.10 所示。

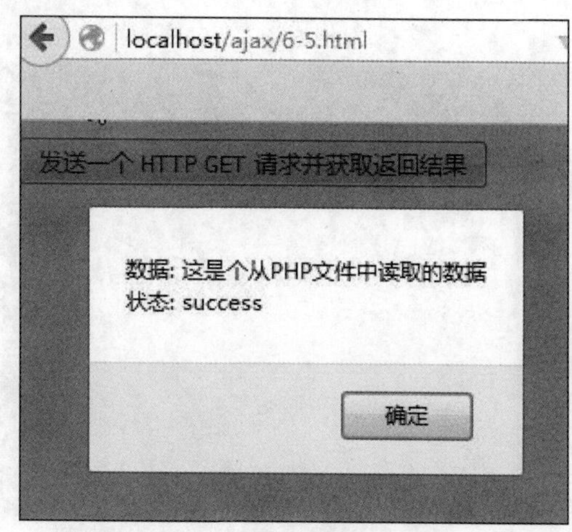

图 6.10　jQuery 中的 GET 方法

示例 6：

结构代码：

```
<body>
    <button>发送一个 HTTP POST 请求页面并获取返回内容</button>
</body>
```

行为代码：

```
<script>
    $(document).ready(function(){
        $("button").click(function(){
            $.post("6-4.php",{
                name:"前端教程",
                url:"http://www.cherryui.com"
            },
            function(data,status){
                alert("数据: \n" + data + "\n 状态: " + status);
            });
        });
    });
</script>
```

服务器端代码（6-4.php）如下：

```
<?php
    $name = isset($_POST['name']) ? htmlspecialchars($_POST['name']) : '';
    $city = isset($_POST['url']) ? htmlspecialchars($_POST['url']) : '';
    echo '网站名: ' . $name;
    echo "\n";
    echo 'URL 地址: ' .$city;
?>
```

生成效果如图 6.11 所示。

图 6.11　jQuery 中的 POST 方法

6.3　异步处理 XML 异步数据

6.3.1　XML 格式概述

AJAX 全称即“异步的 JavaScript 和 XML”。到目前为止，我们使用 AJAX 发送和接收数据都是采用简单的文本格式，并没有使用真正的 XML 格式数据，然而 XML 数据格式仍然是很重要的，很多情况下还是要选择使用它。

6.3.2　jQuery 从服务器端输出 XML 格式数据

接下来将通过一个例子体会 XML 格式数据在 AJAX 应用程序中的用法，功能要求如下。

在“第三波书店”网站中，用户登录以后，用户名会出现在页面上，当鼠标指针移动到用户名上时，即刻出现用户的详细信息提示，如图 6.12 所示。

Note

获取XML

Name	Class	Birthday	Constellation	Mobile
isaac	W13	Jun 24th	Cancer	1118159
fresheggs	W610	Nov 5th	Scorpio	1038818
girlwing	W210	Sep 16th	Virgo	1307994
tastestory	W15	Nov 29th	Sagittarius	1095245
lovehate	W47	Sep 5th	Virgo	6098017
slepox	W19	Nov 18th	Scorpio	0658635
smartlau	W19	Dec 30th	Capricorn	0006621
tuonene	W210	Nov 26th	Sagittarius	0091704
dovecho	W19	Dec 9th	Sagittarius	1892013
shanghen	W42	May 24th	Gemini	1544254
venessawj	W45	Apr 1st	Aries	1523753
lightyear	W311	Mar 23th	Aries	1002908

图 6.12　用户信息获取

首先构建一个 HTML 实现前端的交互，相关代码如示例 7 所示。

示例 7：

结构代码：

```
<body>
    <input type="button" value="获取 XML" onclick="getXML('9-4.xml');"><br><br>
    <table class="datalist" summary="list of members in EE Studay" id="member">
        <tr>
            <th scope="col">Name</th>
            <th scope="col">Class</th>
            <th scope="col">Birthday</th>
            <th scope="col">Constellation</th>
            <th scope="col">Mobile</th>
        </tr>
    </table>
</body>
```

行为代码：

```
<script language="javascript">
  function getXML(addressXML) {
    //直接使用 jQuery 的 AJAX 方法
    $.ajax({
        type: "GET",
        url: addressXML,
        dataType: "xml", //设置返回类型
        success: function(myXML) {
            //ecah 遍历每个<member>标记
            $(myXML).find("member").each(
                function() {
                    var oMember = "",
                        sName = "",
                        sClass = "",
                        sBirth = "",
                        sConstell = "",
```

Note

```
                                    sMobile = "";
                                sName = $(this).find("name").text();
                                sClass = $(this).find("class").text();
                                sBirth = $(this).find("birth").text();
                                sConstell = $(this).find("constell").text();
                                sMobile = $(this).find("mobile").text();
                                //然后添加行
                                $("#member").append($("<tr><td>" + sName + "</td><td>" + sClass +
"</td><td>" + sBirth + "</td><td>" + sConstell + "</td><td>" + sMobile + "</td></tr>"))
                            }
                        );

                }
        })

    }

    function addTableRow(sName, sClass, sBirth, sConstell, sMobile) {
        var oTable = document.getElementById("member");
        var oTr = oTable.insertRow(oTable.rows.length);
        var aText = new Array();
        aText[0] = document.createTextNode(sName);
        aText[1] = document.createTextNode(sClass);
        aText[2] = document.createTextNode(sBirth);
        aText[3] = document.createTextNode(sConstell);
        aText[4] = document.createTextNode(sMobile);
        for (var i = 0; i < aText.length; i++) {
            var oTd = oTr.insertCell(i);
            oTd.appendChild(aText[i]);
        }
    }
    function DrawTable(myXML) {
        //用 DOM 方法操作 XML 文档
        var oMembers = myXML.getElementsByTagName("member");
        var oMember = "",
            sName = "",
            sClass = "",
            sBirth = "",
            sConstell = "",
            sMobile = "";
        for (var i = 0; i < oMembers.length; i++) {
            oMember = oMembers[i];
            sName = oMember.getElementsByTagName("name")[0].firstChild.nodeValue;
            sClass = oMember.getElementsByTagName("class")[0].firstChild.nodeValue;
            sBirth = oMember.getElementsByTagName("birth")[0].firstChild.nodeValue;
            sConstell = oMember.getElementsByTagName("constell")[0].firstChild.nodeValue;
            sMobile = oMember.getElementsByTagName("mobile")[0].firstChild.nodeValue;
            //添加一行
            addTableRow(sName, sClass, sBirth, sConstell, sMobile);
        }
```

```
    }
    function handleStateChange() {
        if (xmlHttp.readyState == 4 && xmlHttp.status == 200)
                DrawTable(xmlHttp.responseXML); //responseXML 获取到 XML 文档
    }
</script>
```

XML 文件代码如下：

```
<?xml version="1.0" encoding="gb2312"?>
 <list>
    <caption>Member List</caption>
    <member>
        <name>isaac</name>
        <class>W13</class>
        <birth>Jun 24th</birth>
        <constell>Cancer</constell>
        <mobile>1118159</mobile>
    </member>
    <member>
        <name>tastestory</name>
        <class>W15</class>
        <birth>Nov 29th</birth>
        <constell>Sagittarius</constell>
        <mobile>1095245</mobile>
    </member>
</list>
```

示例 7 使用了 jQuery 框架提供的 AJAX 方法，操作控制 XML 文件。从以上代码可以看出，jQuery 首先利用$.ajax()方法设置返回数据类型为 xml，然后直接将返回的 XML 文件进行了 DOM 相关的处理，其使用的方法与处理 HTML 的 DOM 模型完全相同，并且通过 jQuery 简化生成表格的相关代码，大大提高了代码的编写效率。

示例 7 为原生的 JavaScript 实现同样效果的 html 前端代码，作为对比，从中可以发现 jQuery 的优点。

示例 8：

结构代码：

```
<body>
     <input type="button" value="获取 XML" onclick="getXML('9-4.xml');"><br><br>
     <table class="datalist" summary="list of members in EE Studay" id="member">
          <tr>
                <th scope="col">Name</th>
                <th scope="col">Class</th>
                <th scope="col">Birthday</th>
                <th scope="col">Constellation</th>
                <th scope="col">Mobile</th>
          </tr>
     </table>
</body>
```

行为代码：

```
<script type="text/javascript">
    var xmlHttp;
    function createXMLHttpRequest(){
        if(window.ActiveXObject){
            xmlHttp = new ActiveXObject("Microsoft.XMLHttp");
        }else if(window.XMLHttpRequest){
            xmlHttp = new XMLHttpRequest();
        }
    }
    function getXML(addressXML){
        var url = addressXML + "?timestamp=" + new Date();
        createXMLHttpRequest();
        xmlHttp.onreadystatechange = handleStateChange;
        xmlHttp.open("GET",url);
        xmlHttp.send(null);
    }
    function addTableRow(sName, sClass, sBirth, sConstell, sMobile){
        var oTable = document.getElementById("member");
        var oTr = oTable.insertRow(oTable.rows.length);
        var aText = new Array();
        aText[0] = document.createTextNode(sName);
        aText[1] = document.createTextNode(sClass);
        aText[2] = document.createTextNode(sBirth);
        aText[3] = document.createTextNode(sConstell);
        aText[4] = document.createTextNode(sMobile);
        for(var i=0;i<aText.length;i++){
            var oTd = oTr.insertCell(i);
            oTd.appendChild(aText[i]);
        }
    }
    function DrawTable(myXML){
        //用 DOM 方法操作 XML 文档
        var oMembers = myXML.getElementsByTagName("member");
        var oMember = "", sName = "", sClass = "", sBirth = "", sConstell = "", sMobile = "";
        for(var i=0;i<oMembers.length;i++){
            oMember = oMembers[i];
            sName = oMember.getElementsByTagName("name")[0].firstChild.nodeValue;
            sClass = oMember.getElementsByTagName("class")[0].firstChild.nodeValue;
            sBirth = oMember.getElementsByTagName("birth")[0].firstChild.nodeValue;
            sConstell = oMember.getElementsByTagName("constell")[0].firstChild.nodeValue;
            sMobile = oMember.getElementsByTagName("mobile")[0].firstChild.nodeValue;
            //添加一行
            addTableRow(sName, sClass, sBirth, sConstell, sMobile);
        }
    }
    function handleStateChange(){
        if(xmlHttp.readyState == 4 && xmlHttp.status == 200)
          DrawTable(xmlHttp.responseXML);        //responseXML 获取到 XML 文档
    }
</script>
```

示例 8 中的代码通过异步对象的 responseXML 属性来获取，开发者可以利用 DOM 的作用方法进行处理，利用异步对象获取该 XML，并将所有的项都罗列在表格中，可以看到图 6.13 所示的结果与图 6.12 完全相同。

获取XML

Name	Class	Birthday	Constellation	Mobile
isaac	W13	Jun 24th	Cancer	1118159
fresheggs	W610	Nov 5th	Scorpio	1038818
girlwing	W210	Sep 16th	Virgo	1307994
tastestory	W15	Nov 29th	Sagittarius	1095245
lovehate	W47	Sep 5th	Virgo	6098017
slepox	W19	Nov 18th	Scorpio	0658635
smartlau	W19	Dec 30th	Capricorn	0006621
tuonene	W210	Nov 26th	Sagittarius	0091704
dovecho	W19	Dec 9th	Sagittarius	1892013
shanghen	W42	May 24th	Gemini	1544254
venessawj	W45	Apr 1st	Aries	1523753
lightyear	W311	Mar 23th	Aries	1002908

图 6.13　输出 XML

提示

建议不要直接把 XML 格式的字符串通过 Response.Write()方式输出，因为有时即使指定了输出类型为 text/XML 格式，浏览器还是会把输出的 XML 当作 HTML 来解释。

6.4　jQuery 使用 JSON 格式数据

JSON（JavaScript Object Notation）非常便于阅读和编写，同样也易于计算机的获取。JSON 的语法格式与 C 语言类似，很多场合采用 JSON 作为数据格式比 XML 更加方便。

6.4.1　使用 JSON 的必要性

1. 客户端操作 XML 格式数据不一致

前面在编写 AJAX 程序的过程中，使用 XML 格式传送过服务器端数据，但是在客户端使用 JavaScript 必须通过 XmlDocument 对象才能读取数据。但是，各种浏览器对 XmlDocument 对象的支持不一样，必须区分不同的浏览器来编写代码。

2. 读取数据不便

即使能够通过 XmlDocument 对象读取数据，我们仍然发现读取某个节点的一个数据很困难，所以必须掌握很多 XmlDocument 对象的使用方法，更不用说各种浏览器对 XmlDocument 对象的节点读取方法不一致了。

3. 数据传输的问题

使用 AJAX 的一个目的就是为了获得更快的交互速度，因此传送的数据量越少越好。然而 XML 为了存储数据，需要附加一些额外的 XML 格式标记，比如任何数据都需要成对的标签，这种做法无疑增加了数据文件的大小，也增加了传输的负担。

6.4.2 JSON 的介绍

Note

JSON 的英文全称是 JavaScript Object Notation，是一种轻量级的数据交换格式。它是基于 JavaScript（Standard ECMA-262 3rd Edition－December 1999）的一个子集，也就是说，它是 JavaScript 语言支持的标准。

首先介绍 JSON 数据的格式。

（1）JSON 采用“名称/值”对的集合来表示数据。它以“{”开始，以“}”结束，每一个“名称”和“值”之间用“:”分割，“名称/值”对之间用“,”分割。

语法：

```
{key-0:value-0,key-1:value-1,…,key-n:value-n}
```

下面是一段 JSON 数据的代码。

```
{
    lang: 'zh_cn',
    name: '中文'
}
```

（2）JSON 中的“值”可以是引号括起来的字符串（String）、数值（Number）、true、false、null、JSON 对象或者数组，并且这些结构可以嵌套。

（3）JSON 数据可以直接表示为数组（集合）的形式，格式如下所示。

语法：

```
[{JSON 对象 1},{ JSON 对象 2},…,{ JSON 对象 N}]
```

（4）如果“值”是集合或者数组，则以“[”开始，以“]”结束，集合中的值用“,”分割。

下面是一组展示行政区划分的 JSON 数据。

示例 9：

```
{
    name:"中国",
    province:[
        {
            name:"黑龙江",
            cities:{
                city:["哈尔滨","大庆"]
            }
        },
        {
            name:"广东",
            cities:{
                city:["广州","深圳","珠海"]
            }
        },
        {
            name:"台湾",
            cities:{
```

```
                city:["台北","高雄"]
            }
        },
        {
            name:"新疆",
            cities:{
                city:["乌鲁木齐"]
            }
        }
    ]
}
```

示例 9 中形成了 province 到 city 的多层次的嵌套 JSON 结构，首先是 province 的值用 JSON 数组表示，province 下的 cities 的值也为 JSON 数据，cities 下 city 的值用字符串数组表示。

示例 9 中表示的数据和下面 XML 格式表示的数据是一致的。

```
<?xml version="1.0" encoding="utf-8"?>
<country>
    <name>中国</name>
      <province>
          <name>黑龙江</name>
              <cities>
                  <city>哈尔滨</city>
                  <city>大庆</city>
              </cities>
      </province>
      <province>
          <name>广东</name>
              <cities>
                  <city>广州</city>
                  <city>深圳</city>
                  <city>珠海</city>
              </cities>
      </province>
      <province>
          <name>台湾</name>
              <cities>
                  <city>台北</city>
                  <city>高雄</city>
              </cities>
      </province>
      <province>
          <name>新疆</name>
              <cities>
                  <city>乌鲁木齐</city>
              </cities>
    </province>
</country>
```

可以看出，用 JSON 表示数据，冗余的格式要少得多，但是可读性要比 XML 差一些，但这并不表示计算机读起来很困难。

6.4.3 使用 JSON 数据

读取 JSON 格式中的数据实在是一件很轻松的事情，因为我们可以像在.NET 中操作一个强类型的对象那样轻松地使用它。

如示例 9 所示的 JSON 数据，把它赋值给一个 JavaScript 变量，然后使用它，代码如示例 10 所示。

示例 10：

```
var language = {
    lang: 'zh_cn',
    name: '中文'
};
alert(language.lang + "是" + language.name);
```

代码效果如图 6.14 所示。

图 6.14 访问 JSON 数据

如果要访问示例 10 所示的带有集合的 JSON 数据，也是一件很容易的事情，如使用下面的代码将弹出“广州”。

```
var china= //…示例 6 的 JSON 数据
alert(china.province[1].cities.city[0]);
```

很显然，通过索引可以访问集合中的数据。

在 JavaScript 中，可以直接定义一个 JSON 变量，然后使用它。但是很多情况下，JSON 数据通常是以字符串的形式来表示的，因此必须先把该字符串变为 JSON 对象，然后才能使用它。在 JavaScript 中，使用 eval()函数很容易达到这个目的。将示例 10 的代码稍做修改，如下所示：

```
var language = eval("({lang: 'zh_cn',name: '中文'})");
alert(language.lang + "是" + language.name);
```

示例 10 所做的工作就是将 JSON 字符串放置在“()”中，然后使用 eval()函数执行它，这段代码和示例 7 的最终效果是一致的。

说明

eval()是 JavaScript 中一个重要的函数，它可以将一个字符串当作 JavaScript 表达式去执行。

在很多情况下，使用的是 JSON 数组，使用 eval()函数同样可以将一个 JSON 数组字符

串转换成一个 JSON 对象，用法如下：

```
var language = eval("[{lang: 'zh_cn',name: '中文'},
  {lang: 'en_us',name: '英语'}]");
  //弹出“en_us 是英语”
  alert(language[1].lang + "是" + language[1].name);
```

6.4.4 综合示例：实现级联下拉菜单

级联的下拉菜单是网上十分流行的一种表单形式，它根据用户对第一个下拉菜单的选择情况，从服务器获取第二个菜单的数据。典型的运用有很多，例如第一个下拉菜单为学校的各个班级，第二个下拉菜单根据用户选择的班级来显示班级中的各个学生。这里以城市为例，通过 JSON 数据，介绍该菜单的制作方法。接下来我们将着手实现类似的功能，具体要求如下。

（1）用户在下拉框中选中一项，副级输入框下面将自动显示一个变化的选择输入项，包含以输入字符串开头的所有子项。

（2）子项的输入提示始终随主输入的选择而变化，效果如图 6.15 所示。

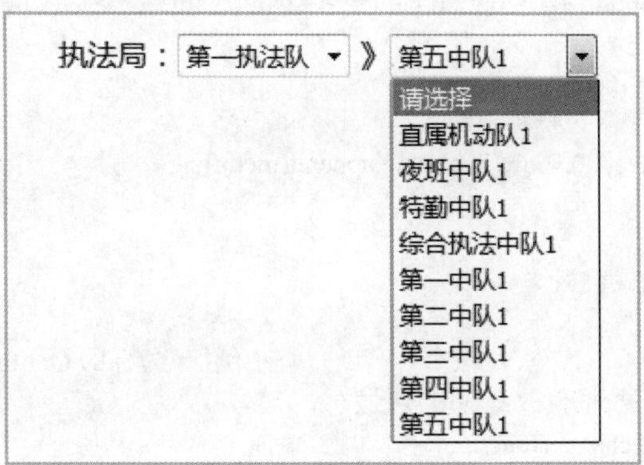

图 6.15 级联下拉框

首先创建两个<select>下拉菜单，第一个为备选的城市，第二个设置为空，用于显示服务器返回的市区数据，代码如下。

示例 11：

```
<div style="margin-top:50px;">
    执法局：
  <select id="select1" style="display:none;"></select>
  <select id="select2" style="display:none;"></select>
</div>
```

当第一个下拉菜单的选项变化时，利用$.getJSON()方法向服务器发送请求，获取相应的 JSON 数据，代码如示例 12 所示。

示例 12：

结构代码：

```
<body>
```

```
        <center>
        <div style="margin-top:50px;">
          执法局：<select id="select1" style="display:none;"></select><select id="select2" style="display:
none;"></select>
        </div>
        </center>
    </body>
```

Note

行为代码：

```
$(function() {
        //第一个下拉框加载数据
        function select1() {
                $.getJSON("json/data.json", function(data) {
                        //解析循环出来 JSON 数组里面第一个 JSON 对象
                        var menu = "<option>请选择</option>";
                        var option = "";

                        $.each(data, function(index, value) {
                                //添加执法局机构
                                option += "<option value='" + value.value + "'>" + value.value + "</option>";
                        });
                        menu = menu + option;
                        //第一个下拉框绑定函数
                        $("#select1").show().empty().append(menu);
                });
        }
        //第二个下拉框加载数据
        function select2(){
                var option;                                    // 初始化下拉框的 Option 项
                //当第一个下拉框值改变的时候触发
                $("#select1").change(function(){
                        var value = $(this).val();             //获取当前下拉框选择的值
                        $.getJSON("json/data.json", function(data){
                                option = "<option>请选择</option>";
                                $.each(data,function(index1,value1){
                                        //如果第一个下拉框的 value 和第二个下拉框的父 value 相同，就执行循
环累加
                                        if(value == value1.value){
        $.each(value1.jigou,function(index2,value2){
          //添加执法局机构
                                                option += "<option value='" + value2.value + "'>" + value2.value +
"</option>";
                                        });
                                        }
                                });
                                //第二个下拉框绑定函数
                        $("#select2").show().empty().append(option);
                        });
                });
        }
```

```
// 加载下拉框
        select1();
        select2();
    });
```

上述代码所做的工作就是在服务器端根据$.getJSON()发送 index 信息，返回 JSON 字符串，$.getJSON()方法会自动将其转换为可直接访问的 JSON 对象。服务器端返回的 JSON 文件，最后输出。

完整的页面代码如下。

```
<input type="text" class="keyword" id="inputer" />
<div id="div_suggest" class="suggest"/>
```

需要完成的关键 JavaScript 代码如示例 13 所示。

示例 13：

```
$(function() {
    //加载下拉框
    select1();
    select2();
    //第一个下拉框加载数据
    function select1() {
        $.getJSON("json/data.json", function(data) {
                //解析循环出来 JSON 数组里面第一个 JSON 对象
                var menu = "<option>请选择</option>";
                var option = "";
                $.each(data, function(index, value) {
                    //添加执法局机构
                    option += "<option value='" + value.value + "'>" + value.value + "</option>";
                });
                menu = menu + option;
                //第一个下拉框绑定函数
                $("#select1").show().empty().append(menu);

            });
    }
    //第二个下拉框加载数据
    function select2(){
        var option; //初始化下拉框的 Option 项
        //当第一个下拉框值改变的时候触发
        $("#select1").change(function(){
                var value = $(this).val();   // 获取当前下拉框选择的值
                $.getJSON("json/data.json", function(data){
                    option = "<option>请选择</option>";
                    $.each(data,function(index1,value1){
                        //如果第一个下拉框的 value 和第二个下拉框的父 value 相同，就执行循
环累加
    if(value == value1.value){
        $.each(value1.jigou,function(index2,value2){
            //添加执法局机构
                                option += "<option value='" + value2.value + "'>" + value2.value +
"</option>";
                        });
```

```
                }
            });
            // 第二个下拉框绑定函数
            $("#select2").show().empty().append(option);
        });
    });
  }
});
</script>
```

JSON 代码如下：

```
[{"menu": "1","value": "第一执法队", "jigou": [{"value": "直属机动队 1"},{ "value": "夜班中队 1" },{ "value": "特勤中队 1"  },{"value": "综合执法中队 1"},{"value": "第一中队 1" }, { "value": "第二中队 1"},{ "value": "第三中队 1" },{"value": "第四中队 1"},{"value": "第五中队 1"}] },
{"menu": "2", "value": "第二执法队", "jigou": [{"value": "请选择" },{"value": "直属机动队 2" },{"value": "夜班中队 2"},{ "value": "特勤中队 2"},{"value": "综合执法中队 2"},{ "value": "第一中队 2"},{"value": "第二中队 2"},{"value": "第三中队 2"},{"value": "第四中队 2" },{"value": "第五中队 2" }]},
{ "menu": "3", "value": "第三执法队","jigou": [{"value": "请选择" }, { "value": "直属机动队 3" },{ "value": "夜班中队 3"}, {"value": "特勤中队 3"},{"value": "综合执法中队 3" },{"value": "第一中队 3"},{"value": "第二中队 3"},{"value": "第三中队 3"},{"value": "第四中队 3"},{"value": "第五中队 3"}]},
{"menu": "4","value": "第四执法队","jigou": [{"value": "请选择"},{ "value": "直属机动队 4"},{"value": "夜班中队 4"},{"value": "特勤中队 4"},{"value": "综合执法中队 4"},{"value": "第一中队 4"},{"value": "第二中队 4"},{"value": "第三中队 4"},{"value": "第四中队 4"},{"value": "第五中队 4"}]}]
```

技 能 训 练

实战案例 1：掌握创建使用 XML 数据的 AJAX 程序

需求描述

即时显示书籍信息。多级联动菜单。

实战案例 2：掌握创建使用 JSON 数据的 AJAX 程序

需求描述

编写使用 XML 格式传输数据的 AJAX 程序。编写使用 JSON 格式传输数据的 AJAX 程序。

本 章 总 结

- 在 AJAX 程序中使用 XML 格式能处理更复杂的数据。
- 在 PHP 中可以方便地将实体对象序列化成 XML 格式数据。

- 使用 XmlDocument 对象支持 load()和 loadXML()两种方法加载 XML 格式的数据。
- XmlDocument 可以在客户端读取 XML 格式的数据。
- XmlDocument 对象提供了一系列属性和方法方便读取 XML 格式数据。
- 使用 JSON 格式数据的好处包括以下几点。
  - ✧ 读取更方便
  - ✧ 冗余格式数据更少
  - ✧ 支持多个浏览器
- JSON 采用“名称/值”对的集合来表示数据。
- 使用 eval()函数可以将 JSON 字符串转换为 JSON 对象。
- PHP 提供了将实体对象序列化成 JSON 字符串的方法。

本 章 作 业

1. 简述 XML 格式数据和 JSON 数据的特点，以及各自的优缺点。
2. 实现 AJAX 名片册程序，效果如图 6.16 所示，具体要求如下。

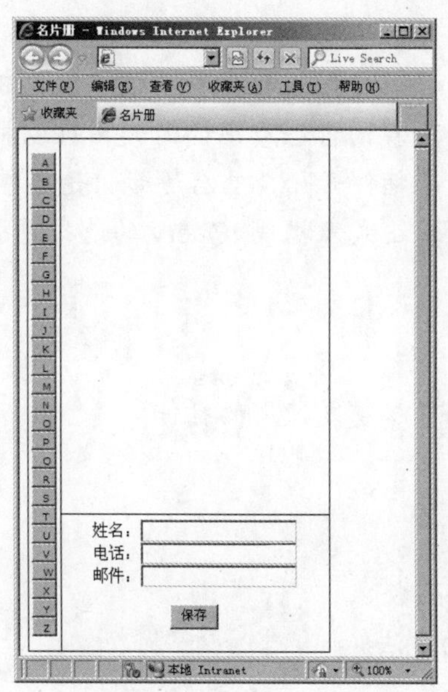

图 6.16　AJAX 名片册

（1）实现添加名片册的功能，名片的信息包括“姓名”、“电话”和“邮件”。

（2）实现显示名片信息的功能。“单词”按钮上的字母为名片邮件的开头字母，单击某个按钮则将以该字母为开头的邮件的名片信息显示出来。

第7章 开发插件

本章简介

众多的第三方插件虽然能够增强编程体验。但有时候还需要走得更远一些，当我们编写的代码可以供其他人甚至我们自己重用的时候，可以把这些代码包成一个插件。本章首先从添加新的全局函数的插件开始，然后逐步讨论各种形式的 jQuery 对象方法。此外，本章还将探讨如何以新表达式来扩展 jQuery 的选择符引擎。

本章任务

能够根据需求，开发出可以重复使用的插件

本章目标

- 可以添加新的全局函数
- 添加 jQuery 对象的方法
- DOM 遍历方法

7.1 添加新的全局函数

jQuery 内置的某些功能是通过全局函数提供的。所谓全局函数，实际上就是 jQuery 对象的方法，但从实践的角度上看，它们是位于 jQuery 命名空间内部的函数。

使用这种技术的一个典型的例子就是$.ajax()所做的一切都可以通过简单地调用一个名为 ajax()的常规全局函数来实现，但是，这种方式会带来函数名冲突的问题。通过将这

个函数放在 jQuery 的命名空间内，就可以避免与其他 jQuery 方法冲突。

要向 jQuery 的命名空间中添加一个函数，只需将这个新函数指定为 jQuery 对象的一个属性。代码如下：

```
jQuery.globalFunction=function(){
alert("this is a test");
}
```

于是，就可以在使用这个插件的任何代码中编写如下代码。

```
jQuery.globalFunction();
```

而且，也可以使用$别名并写成如下形式。

```
$.globalFunction();
```

这样，就如同调用 jQuery 中的其他函数一样，会显示一个警告信息。

7.1.1　添加多个函数

如果我们想在插件中提供多个全局函数，可以独立地声明这些函数。

示例 1：

行为代码：

```
$.functionOne=function(){
    alert("this is a test")
};
$.functionTwo=function(param){
    alert("the parameter is param")
};
```

这样，就定义了如下两个方法，而且，也可以通过正常的方式来调用它们。

```
$.functionOne();
$.functionTwo();
```

调用结果如图 7.1 和图 7.2 所示。

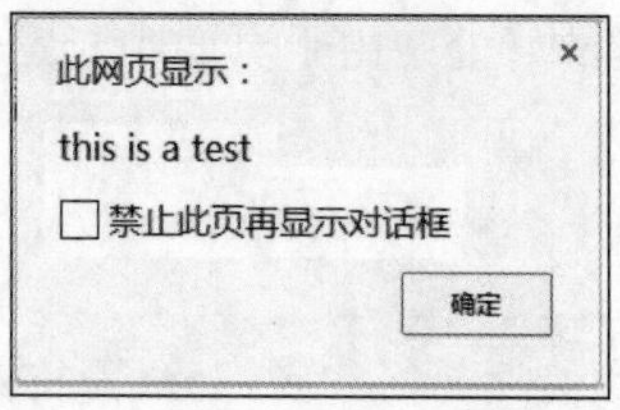

图 7.1　调用$.functionOne()方法

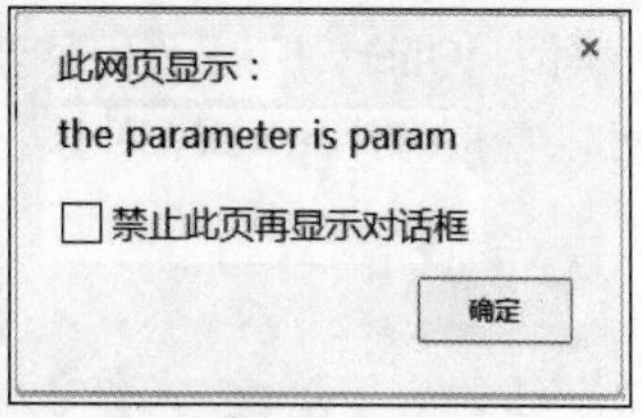

图 7.2　调用$.functionTwo()方法

另外，还可以通过$.extend()函数使函数的定义更加清晰，代码如下：

```
$.extend({
    functionOne:function(){
        alert("this is a test")
    },
    functionTwo:function(param){
        alert("the parameter is param")
```

```
    }
})
```

以上代码得到的结果如图 7.1 和图 7.2 所示。

不过，这样也会面临不同命名空间冲突的风险。即使 jQuery 命名空间屏蔽了多数 JavaScript 函数和变量名，但仍然有可能同其他 jQuery 插件定义的函数名冲突。为避免这个问题，最好是将属于一个插件的所有全局函数都封装到一个对象中。代码如下：

示例 2：

```
$.myPlugin={
    functionOne:function(){
        alert("this is a test")
    },
    functionTwo:function(param){
        alert("the parameter is param")
    }
}
```

这样其实是为全局函数创建了另一个命名空间：-$.myPlugin。尽管某种程度仍然可以称它们为“全局函数”，但它们实际上已经变成了 myPlugin 对象的方法，而 myPlugin 对象则是全局 jQuery 对象的一个属性。因此，在调用这些函数时，必须包含插件的名字。代码如下：

```
$.myPlugin.functionOne();
$.myPlugin.functionTwo("test");
```

通过使用这一技术（及一个足够特别的插件名字），完全可以避免在全局函数中发生命名空间冲突的现象。

7.1.2 关键所在

现在已经掌握了开发插件的基础知识，再把定义的函数保存到一个名为 js 文件中之后，就可以在页面中包含这个脚本并在其他的脚本中调用这些函数。那么，这个文件和创建并包含的其他 JavaScript 文件有什么区别呢？

前面已经讨论过将代码都封装在 jQuery 对象中能够获得的命名空间保护的好处了，此外，将函数库编写为 jQuery 扩展还有另一个关键的好处：由于页面中一定会包含 jQuery，因此这些函数可以直接调用 jQuery 对象。

注意

即使页面中包含了 jQuery 文件，也不应该假设简写方式$始终是有效的，还应该记得放弃这个简写方式的$.noConflict()方法。编写插件应该始终使用 jQuery 来调用 jQuery 方法，或者像后面介绍的那样，在内部定义自己的$。

7.1.3 创建实用方法

核心 jQuery 库提供的许多全局函数都是实用方法。换句话说，这些方法为频繁执行的任务提供了快捷方式。数据处理函数$.each()、$.map()、$.grep()都是这方面的例子。下面

就通过添加一个新的$.sum()来示范如何创建这种实用方法。

这个新方法接受一个数组参数，并把数组中的值加起来，然后返回结果。代码如下：

```
$.sum=function(array){
    var tatal=0;
    $.each(array,function(index,value){
        total+=value;
    });
    return total;
};
```

注意

这里使用$.each()方法迭代遍历了数组的值，当然，在此使用简单的 for()循环也没有问题，但完全可以假定在加载插件之前已经加载了 jQuery 库，所以可以在此使用更方便的语法。

为了测试这个方法，下面编写一个简单的页面以利于显示它的输入和输出。

示例 3：

结构代码：

```
<body>
    <p>Array content</p>
    <ul id="array_content"></ul>
    <p>Array sum</p>
    <div id="array_sum"></div>
</body>
```

行为代码：

```
<script type="text/javascript">
    $(document).ready(function(){
        var myarray=[13,34,-1,0.6];
        $.each(myarray,function(index,value){
            $("#array_content").append("<li>"+value+"</li>");
        });
        $("#array_sum").append($.sum(myarray));
    })
</script>
```

实现的效果如图 7.3 所示。

以上介绍了命名空间保护的问题，也知道了可以在假定核心 jQuery 库有效的情况下开发插件。但是，这些都只是组织结构上的好处，要真正领略到 jQuery 插件的强大之外，还需要学习如何在个别 jQuery 对象的实例上创建新方法。

Array content

- 13
- 34
- -1
- 0.6

Array sum

46.6

图 7.3　数组中的值求和

7.2　添加 jQuery 对象方法

Note

jQuery 中大多数内置的功能都是通过其对象的方法提供的，而且这些方法也是插件吸引人的关键。当函数需要操作 DOM 元素时，就是将函数创建为 jQuery 对象的好机会。

添加全局函数需要以新方法来扩展 jQuery 对象。添加实例方法也与此类似，但扩展的却是 jQuery.fn 对象，如下所示。

示例 4：

```
$.fn.myMethod=function(){
    alert(" hello word")
}
```

注意

$.fn 对象是$.prototype 的别名，使用别名是出于简洁的考虑。

然后，就可以在使用任何选择符表达式之后调用这个新方法了。代码如下：

```
$("div").myMethod();
```

当调用这个方法时会弹出一个警告提示框。由于这里并没有在任何地方用到匹配 DOM 节点，所以为此编写一个全局函数也一样。由此可见，一个合理的实例方法应该包含对它的环境的操作。运行结果如图 7.4 所示。

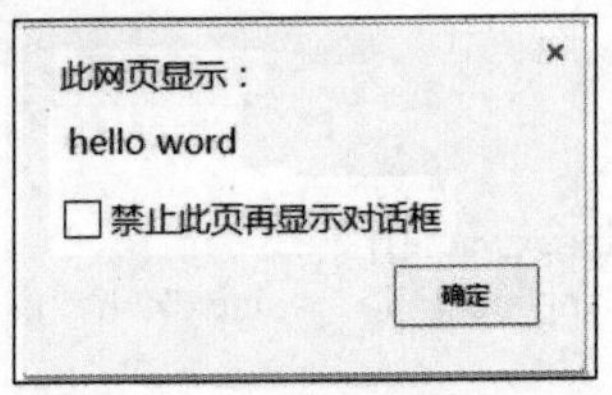

图 7.4　添加对象

7.3　扩展$.fn 对象

7.3.1　对象方法的环境

在任何插件内部，关键字 this 引用的都是当前的 jQuery 对象。因而，可以在 this 上调用任何内置的 jQuery 方法，或者提取它包含的 DOM 节点并操作该节点。代码如下：

```
$.fn.showAlert=function(){
    alert('you selected'+this.length+'elements.')
}
```

为了确定可以怎样利用对象环境，下面就编写一个小插件，用以操作匹配元素的类。这个新方法接受两个类名，它能够基于每次调用更换应用于每个元素的类。代码如下：

```
$.fn.supClass=function(class1,class2){
    if(this.hasClass(class1)){
        this.removeClass(class1).addClass(class2);
    }else if(this.hasClass(class2)){
        this.removeClass(class2).addClass(class1);
    };
}
```

首先，测试每个匹配元素是否应用了 class1，如果是，则将该类替换成 class2，然后再测试 class2，并在必要时替换成 class1；如果两个类都不存在，则什么都不显示。

示例 5：

结构代码：

```
<h2>电视剧排行</h2>
<ul>
    <li class="this">青云志</li>
    <li class="that">麻雀</li>
    <li class="this">中国式关系</li>
    <li class="that">炮神</li>
    <li class="that">校花贴身高手</li>
    <li class="this">宜昌保卫战</li>
    <li class="that">我的辣妹保镖</li>
    <li class="that">大嫁风尚</li>
    <li class="that">亲爱的公主病</li>
    <li class="that">微微一笑</li>
</ul>
<input type="button" value="sup classes" id="sup"/>
```

运行结果如图 7.5 所示。

定义 this 类的样式是粗体文本，定义 that 类的样式是斜体文本。

引用了插件以后，运行结果如图 7.6 所示。

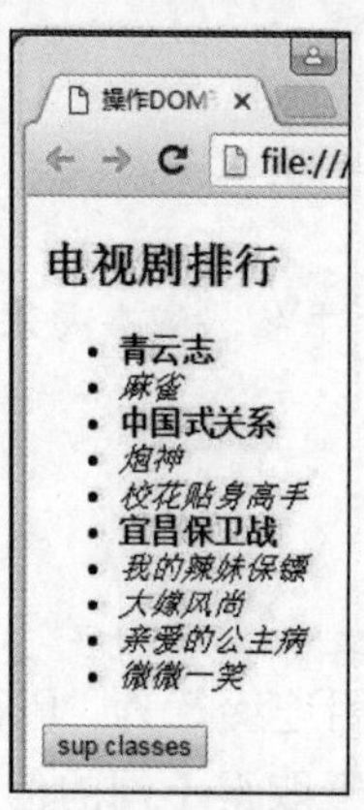

图 7.5　替换 class 类名

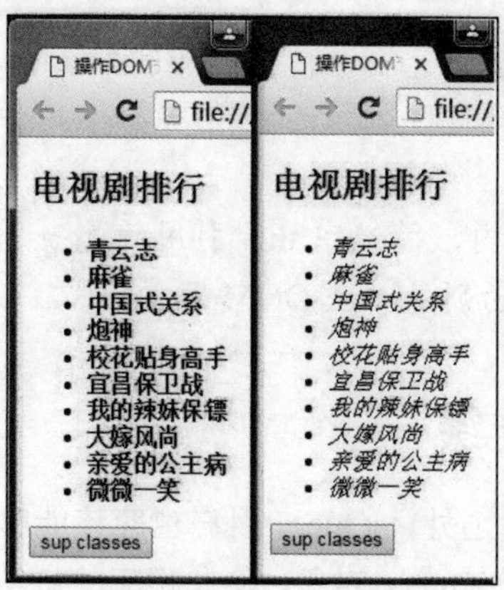

图 7.6　that 类名和 this 类名

但是这样好像是有问题的，单击按钮以后，每一行都应用了 that 类。

jQuery 的选择符表达式可能会匹配零、一或多个元素，因此，在设计插件时，必须考虑到所有这些可能的情况。然而，刚才在调用 supClass()时只会检查最先匹配的元素。换句话说，应该先独立检查和操作每一个元素。

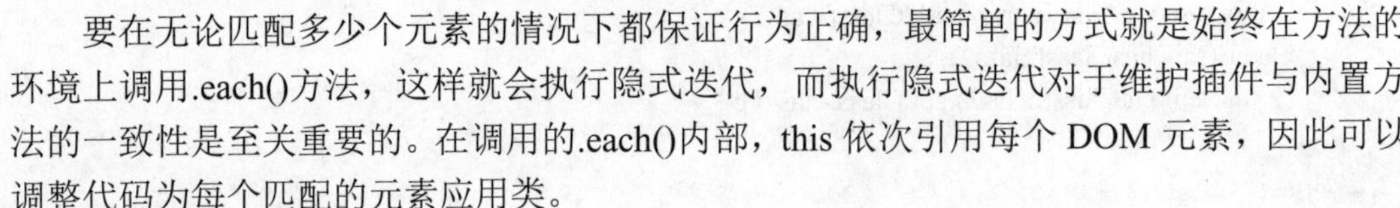

要在无论匹配多少个元素的情况下都保证行为正确，最简单的方式就是始终在方法的环境上调用.each()方法，这样就会执行隐式迭代，而执行隐式迭代对于维护插件与内置方法的一致性是至关重要的。在调用的.each()内部，this 依次引用每个 DOM 元素，因此可以调整代码为每个匹配的元素应用类。

修改完的 js 代码如下：

```
$.fn.supClass=function(class1,class2){
    this.each(function(){
        var $selement=$(this);
        if($selement.hasClass(class1)){
            $selement.removeClass(class1).addClass(class2);
        }else if($selement.hasClass(class2)){
            $selement.removeClass(class2).addClass(class1);
        }
    })
}
```

运行结果如图 7.7 所示。

图 7.7　each()方法

注意

在对象方法内，关键字 this 引用的是一个 jQuery 对象，但在每次调用的.each()方法中，this 引用的则是一个 DOM 元素。

7.3.2　方法连缀

除了隐式迭代之外，jQuery 用户也应该能够正常使用连缀行为。因而，必须在所有插件方法中返回一个 jQuery 对象，除非相应的方法明显用于取得不同的信息。返回的 jQuery 对象通常是 this 所引用的对象。如果使用.each()迭代遍历 this，那么可以只返回迭代的结

Note

果，代码如下：

```
$.fn.supClass=function(class1,class2){
    return this.each(function(){
        var $selement=$(this);
        if($selement.hasClass(class1)){
                $selement.removeClass(class1).addClass(class2);
        }else if($selement.hasClass(class2)){
                $selement.removeClass(class2).addClass(class1);
        }
    })
}
```

代码运行结果如图 7.7 所示。

前面在调用了.supClass()之后，如果想对元素执行其他操作，必须通过一条新语句重新取得元素。而在添加 return 之后，就可以在插件方法上使用连缀内置的方法了，代码如下：

```
$(document).ready(function () {
    $('#swap').click(function () {
        $('li').supClass('this','that').css('text-decoration','underline');
        return false;
    });
});
```

7.4 DOM 遍历方法

在某些情况下，定义的插件方法可能会改变 jQuery 对象引用的 DOM 元素。比如，假设想要添加一个查找匹配元素的祖父及元素的 DOM 遍历方法，示例代码如下：

```
$.fn.grandparent=function() {
    var grandparents=[];
    this.each(function() {
        //alert($(this).html());
        grandparents.push(this.parentNode.parentNode);
    });
    grandparents=$.unique(grandparents);
    return grandparents;
}
```

这个方法创建了一个新的 grandparent 数组，并通过迭代由当前 jQuery 对象引用的全部元素来填充这个数组。具体来说，就是使用标准的.parentNode 属性查找父级祖级元素，并把找到的结果推到数组中。然后，调用$.unique()方法去掉数组中重复的元素。现在，仅通过调用一个方法就可以查找并操作某个元素的父级祖级元素了。

示例 6：

行为代码：

```
<script type="text/javascript">
    $(document).ready(function () {
        var parentArray = $(".p1").grandparent();
        $(parentArray).each(function () {
            $(this).addClass("css1");
        });
    });
</script>
```

结构代码：

```
<div class="c1">
    <div><p class="p1">手机，运营商，数码</p></div>
</div>
    <div class="c21"><div><p class="p1">家居，家具，家装，厨具</p></div>
</div>
    <div class="c3"><div><p class="p1">男装，女装，童装，内衣</p></div>
</div>
```

运行结果如图 7.8 所示。

手机，运营商，数码
家居，家具，家装，厨具
男装，女装，童装，内衣

图 7.8 DOM 遍历方法

jQuery 中的很多方法都是另外一些底层方法的简写方法，例如大多数事件方法都是用.bind()或.trigger()的简写方法，而许多 AJAX 方法也会在内部调用$.ajax()。这些简写方法提供了很大的便利，使开发人员无需考虑各种复杂的选项。

jQuery 库必须在方便和复杂之间维持一个微妙的平衡，添加到这个库中的每个方法都有助于开发者简化某些代码的编写，但也会增加基础代码的整体大小并有可能影响性能。考虑到这个原因，内置功能的许多简写方法都移交到了插件中实现，以便开发者可以挑选出对某个开发项目有用的方法，并省略那些无关的方法。

当代码中需要多次重复使用某个方法时，可能会想到为该方法创建一种简写的形式。例如，假设会使用内置的“滑动”和“淡化”技术频繁地为元素添加动画效果，将两个效果放在一起意味着要同时变化元素的高度和不透明度，而使用 animate()方法可以简化这个操作，代码如下：

```
.animate({height: "hide ",opacity: "hide "});
```

为此，可以创建 3 个简写方法，以便在需要显示和隐藏元素时执行相应的动画效果。代码如下：

```
$.fn.slideFadeOut=function(speed,callback){
    return this.animate({
        height:'hide',
        opacity:'hide'
    },speed,callback)
```

```
};
$.fn.slideFadeIn=function(speed,callback){
    return this.animate({
        height:'show',
        opacity:'show'
    },speed,callback)
};
$.fn.slideFadeToggle=function(speed,callback){
    return this.animate({
        height:'toggle',
        opacity:'toggle'
    },speed,callback)
};
```

需要时调用.slideFadeOut()并触发相应的动画效果，因为在插件定义中，this 引用当前的 jQuery 对象，所以动画会立即在所有匹配的元素上面执行。

出于完整性的考虑，新方法也应该支持与内置的简写方法相同的参数。具体来说，应该像.fadeIn()方法一样能够自定义速度和回调函数。由于.animate()方法也接受这些参数，所以过程就很简单了——只需接受这些参数并转交给.animate()即可。

实现淡入淡出动画效果的代码如下。

示例 7：

结构代码：

```
<body>
    <p>阿尔伯特·爱因斯坦，犹太裔物理学家，他于 1879 年出生于德国乌尔姆市的一个犹太人家庭（父母均为犹太人），1900 年毕业于苏黎世联邦理工学院，入瑞士国籍。1905 年，获苏黎世大学哲学博士学位，爱因斯坦提出光子假设，成功解释了光电效应，因此获得 1921 年诺贝尔物理奖，创立狭义相对论。1915 年创立广义相对论。</p>
    <div class="content">
        <input type="button"   value="隐藏" id="out"/>
        <input type="button" value="显示" id="in" />
        <input type="button" value="显示和隐藏" id="toggle"/>
    </div>
</body>
```

行为代码：

```
<script>
    $(document).ready(function(){
        $("#out").click(function(){
            $("p").slideFadeOut("slow");
            return false;
        });
        $("#in").click(function(){
            $("p").slideFadeIn("slow");
            return false;
        });
        $("#toggle").click(function(){
            $("p").slideFadeToggle("slow");
            return false;
```

```
        });
    })
</script>
```

Note

运行效果如图 7.9 所示。

阿尔伯特·爱因斯坦，犹太裔物理学家，他于1879年出生与德国乌尔姆市的一个犹太人家庭（父母均为犹太人），1900年毕业于苏黎世联邦理工学院，入瑞士国籍。1905年，获苏黎世大学哲学博士学位，爱因斯坦提出光子假设，成功解释了光电效应，因此获得1921年诺贝尔物理奖，创立狭义相对论。1915年创立广义相对论。
隐藏
显示
显示和隐藏
隐藏
显示
显示和隐藏

图 7.9　显示/隐藏文本

7.5　方法的参数

前面讲的都是插件方法的例子，其中一些方法显式地接受参数，另一些则不然。如前所述，关键字 this 始终是方法的执行环境，但除此之外还可以提供影响方法执行的其他信息。虽然到现在为止，接触的参数很少，但是参数表实际上可以很长。下面，就介绍几种管理方法参数的技巧，以方便使用插件。

下面，就以一个文本块加投影的插件方法为例来说明这一点。

示例 8：

行为代码：

```
$.fn.shadow=function(){
    return this.each(function(){
    var $ment=$(this);
    for(var i=0;i<5;i++){
        $ment.clone()
            css({
                position:'absolute',
                left:$ment.offset().left+i,
                top:$ment.offset().top+i,
                margin:0,
                zIndex:-1,
                opacity:0.1
            })
            .appendTo("body");
        }
    });
};
```

调用插件代码：

结构代码：

```
<body>
    <h1>我希望能拥有一个明亮的落地窗，每天都能够去看一看太阳。</h1>
</body>
```

行为代码：

```
<script type="text/javascript">
    $(document).ready(function(){
        $("h1").shadow();
    })
</script>
```

运行结果如图 7.10 所示。

我希望能拥有个明亮的落地窗，每天都能够去看一看太阳.
添加阴影
我希望能拥有个明亮的落地窗，每天都能够去看一看太阳.

图 7.10　添加阴影

对于每个调用此方法的元素，都要复制该元素一定数量的副本，调整每个副本的不透明度，然后再通过绝对定位，以该元素为基准按照不同的偏移量定位这些副本。

7.5.1　简单参数

我们已经学习了一些简单的插件，现在就尝试一下复杂一点的插件方法。在本节中方法的执行依赖于一些用户可能会修改的数字值，可以将这些值定义为参数，以便用户根据需求来修改。

示例代码如下：

```
$.fn.shadow=function(slices,opacity,zIndex){
    return this.each(function(){
        var $ment=$(this);
        for(var i=0;i<slices;i++){
            $ment.clone().css({
                position:'absolute',
                left:$ment.offset().left+i,
                top:$ment.offset().top+i,
                margin:0,
                zIndex:zIndex,
                opacity:opacity
            });
            .appendTo("body");
        }
    });
}
```

另外，在调用这个方法时，必须提供 3 个参数值代码如下：

```
$(document).ready(function(){
    $("h1").shadow(10,0.1,-1);
})
```

运行效果如图 7.10 所示。

7.5.2 参数映射

现在有许多将映射作为方法参数的例子。作为一种向插件用户公开选项的方式，映射要比刚刚使用的参数列表更加友好。映射会为每个参数提供一个有意义的标签，同时也会让参数次序变得无关紧要，而且，只要有可能通过插件来模仿 jQueryAPI，就应该使用映射来提高一致性和易用性。

示例代码如下：

```
$.fn.shadow=function(opts){
    return this.each(function(){
        var $ment=$(this);
        for(var i=0;i<opts.slices;i++){
            $ment.clone().css({
                position:'absolute',
                left:$ment.offset().left+i,
                top:$ment.offset().top+i,
                margin:0,
                zIndex:opts.zIndex,
                opacity:opts.opacity
            });
            .appendTo("body");
        };
    });
};
```

在这个新接口中，不一样的地方在于引用每个参数的方式：不再引用个别的变量名，而是通过函数的 opts 参数的属性来访问每个值。

通过这个方法则需要传递一个值的映射，而不是独立的参数。这样的话，只需要扫一眼调用的代码，就能明确知道每个参数的作用。

```
$(document).ready(function(){
    $("h1").shadow({
        slices:5,
        opacity:0.25,
        zIndex:-1
    });
})
```

运行结果如图 7.10 所示。

7.5.3 默认参数值

随着方法的参数逐渐增多，始终指定每个参数并不是必需的。此时，一组合理的默认值可以增强插件接口的易用性。所幸的是，以映射作为参数可以很好地达成这一目标，它可以为用户未指定的参数自动传入默认值。

示例代码如下：

```
$.fn.shadow=function(options){
    var defaults={
```

```
            slices:5,
            opacity:0.1,
            zIndex:-1
        };
        var opts=$.extend(defaults,options);
        return this.each(function(defaults,options){
            var $ment=$(this);
            for(var i=0;i<opts.slices;i++){
                $ment.clone().css({
                    position:'absolute',
                    left:$ment.offset().left+i,
                    top:$ment.offset().top+i,
                    margin:0,
                    zIndex:opts.zIndex,
                    opacity:opts.opacity
                });
                .appendTo("body");
            };
        });
    };
```

在这个方法的定义中，定义了一个新的映射，名为 defaults。实用函数$.extend()可以用接受的选项映射参数覆盖 defaults 中的项，并保持选项映射中未指定的默认项不变。

接下来，只需要以调用映射的方法，但是只能指定一个有别于默认值的不同参数。

```
$(document).ready(function(){
    $("h1").shadow({
        opacity:0.1
    })
})
```

运行结果如图 7.10 所示。

未指定的参数使用预先定义默认值。$.extend()方法甚至可以接受 null 值，在用户可以接受所有默认参数时，执行方法才不会出错。

```
$(document).ready(function(){
    $("h1").shadow()
})
```

7.5.4 回调函数

当然，方法参数也可能不是一个简单的数字，可能会更复杂。在各种 jQueryAPI 中经常可以看到另一种参数类型，即回调函数。回调函数可以极大地增加插件的灵活性，但在创建插件时并不用多编写多少代码。

要在方法中使用回调函数，需要接受一个函数对象作为参数，然后在方法中适当的位置调用该函数。例如，可以扩展前面定义的文本投影方法，让用户能够自定义投影相对于文本的位置。

示例代码如下：

```
jQuery.fn.shadow =function(options){
```

```
        var opts =jQuery.extend({},jQuery.fn.shadow.defaults,options);
        return this.each(function(){
            var $originalElement = jQuery(this);
            for(var i = 0;i < opts.slices;i++){
                var offset = opts.sliceOffset(i);
                $originalElement.clone()
                .css({
                    position :"absolute",
                    left :$coriginalElement.offset().left + offset.x,
                    top :$originalElement.offset().top + offset.y,
                    margin : 0,
                    zIndex :opts.zIndex,
                    opacity : opts.opacity
                });
                .appendTo("body");
            };
        });
    };
```

投影的每个“切片”相对于原始文本都有不同的偏移量。此前，这个偏移量简单地等于切片的索引值。现在，偏移量都根据 sliceOffset()函数来计算，而这个函数都是用户可以覆盖的参数。例如，用户可以在两个方向上指定负值偏移量。代码如下：

```
$(document).ready(function(){
    $("h1").shadow({
        sliceOffset:function(i){
            return { x:-i,y:-2*i}
        };
    });
});
```

运行结果如图 7.11 所示。

回调函数可以像这样简单地修改投影方向，也可以根据插件用户的定义，对投影位置做出更复杂的调整。如果未指定回调函数，则会使用默认行为。

7.5.5　可定制的默认值

前面已经看到通过为方法参数设定合理的默认值，能够显著改善用户使用插件的体验。但是，到底什么默认值合理有时候也很难说。如果有脚本会多次调用插件，每次调用都要传递一组不同于默认值的参数，那么通过定制默认值就可以减少很多需要编写的代码量。

要支持默认值的可定制性，需要将它们从方法中移出，然后放到外部代码可以访问的地方代码如下：

```
jQuery.fn.shadow =function(options){
    var opts =jQuery.extend({},jQuery.fn.shadow.defaults,options);
    return this.each(function(){
        var $originalElement = jQuery(this);
        for(var i = 0;i < opts.slices;i++){
            var offset = opts.sliceOffset(i);
```

```
                $originalElement.clone()
                .css({
                    position :"absolute",
                    left :$originalElement.offset().left + offset.x,
                    top :$originalElement.offset().top + offset.y,
                    margin : 0,
                    zIndex :opts.zIndex,
                    opacity : opts.opacity
                })
                .appendTo("body");
            };
        });
    };
    jQuery.fn.shadow.defaults= {
        slices : 5,
        opacity : 0.1,
        zIndex : -1,
        sliceOffset : function(i){
            return { x : i, y : i}
        };
    };
```

默认值被放在了投影插件的命名空间里，可以通过$.fn.shadow.defaults 直接引用。而对$.extend()的调用也必须修改，以适应这种变化，由于现在所有对.shadow()的调用都要重用 defaults 映射，因此不能让$.extend()修改它。在此将一个空映射({})作为$.extend()的第一个参数，让这个新对象成为被修改的目标。

于是，使用这个插件的代码就可以修改默认值了，修改之后的值可以被所有后续对.shadow()的调用共享。而且，在调用方法时仍然可以传递选项。代码如下：

```
    $.fn.shadow.defaults.slices= 10;
        $("h1").shadow({
            sliceOffset : function(i){
                return { x : -i, y : i}
            }
    });
```

由于在此提供了新的默认值，以上脚本会创建带 10 个切片的投影。而由于在调用方法时提供了 sliceOffset()回调函数，所以投影也将朝向左下方，如图 7.11 所示。

我希望能拥有个明亮的
落地窗，每天都能够去
看一看太阳.

图 7.11　可定制的默认值

7.6　添加选择符表达式

jQucry 内置的组件也可以扩展。与添加新方法不同，这个可以自定义现有的组件。例

Note

如，一个常见的需求就是扩展 jQuery 提供的选择符表达式，以便得到更高级的选择符。

最简单的选择符表达式是伪类，即以冒号开头的表达式，如:cheched 或:nth-child()。为了演示创建选择符表达式的过程，下面就构建一个名为:css()的伪类。这个选择符允许在基于 CSS 属性的数字值查找元素。

在使用选择符表达式查找元素时，jQuery 会在内部一个名叫 expr 的映射中查找匹配指令（instruction）。该映射中包含基于元素执行的 JavaScript 代码，如果对代码求值的结果为 true，则会将相应元素包含在结果集中。可以使用$.extend()函数将新表达式添加到这个映射中。

示例代码如下：

```
$.extend($.expr[':'],{
    'css' : function(element,index,matches,set){
        //修改之后的 matches[3]:width < 100
        var parts = /([\w-]+)\s*([<>=]+)\s*(\d+)/
        .exec(matches[3]);
        var value =parseFloat(jQuery(element).css(parts[1]));
        switch(parts[2]){
            case '<' :
            return value <parseInt(parts[3]);
            case '<=' :
            return value <=parseInt(parts[3]);
            case '=' :
            case '==' :
            return value ==parseInt(parts[3]);
            case '>=' :
            return value >= parseInt(parts[3]);
            case '>' :
            return value >parseInt(parts[3]);
        };
    };
});
```

以上代码告诉 jQuery，css 是一个可以在选择符表达式中前置冒号的有效字符串，当遇到这个字符串时，应该调用给定的函数以确定当前元素是否应该包含在结果集中。

需要在此求值的函数会接受以下 4 个参数。

- Element：当前的 DOM 元素。大多数选择符都需要这个参数。
- Index：DOM 元素在结果集中的索引。这个参数对:eq()和:lt()等选择符比较有用。
- Matches：包含解析当前选择符的正则表达式结果的数组。通常，matchesp[3]是这个数组中唯一有用的项；对于:a(b)形式的选择符而言，matches[3]项中包含着 b，即圆括号中的文本。
- Set：目前为止匹配的整个 DOM 元素集合。这个参数很少用到。

伪类选择符需要使用包含在这 4 个参数中的信息，以便决定相关元素是否应该包含在结果集中。在此，element 和 matches 对我们而言都是必需的。

在选择符函数中，首先通过正则表达式将选择符分割成有用的部分。对于:css(width<200)这个选择符，希望返回宽度小于 200 的所有元素。因此，需要从圆括号

的文本中提取出属性名（name）、比较运算符（<）和要比较的值（200）。正则表达式/([\w-]+)\s*([<>=]+)\s*(\d+)/用于执行这一搜索，将字符串中的上述 3 个部分放在 parts 数组中以备后用。

然后需要取得属性的当前值。在此使用了 jQuery 的.css()方法，返回选择符中指定属性的值。由于返回的属性值是字符串，因此要使用 parseFloat()将其转换为数字值。

最后，执行比较。Switch 语句会根据选择符的内容来确定比较类型，返回比较的结果（true 或 false）。

这样就有了一个可以在 jQuery 代码中使用的新的选择符表达式。代码如下：

```
<div style="width: 500px;">1111111111111</div>
<div style="width: 200px;">2222222</div>
<div style="width: 30px;">33333333333333333333333</div>
<div style="width: 300px;">4444444444444444</div>
```

使用新的选择符表达式，突出显示列表中文本较短的项就成了小菜一碟，代码如下：

```
$(document).ready(function(){
    $("div:css(width<100)").addClass("heightlight");
})
```

效果图如图 7.12 所示。

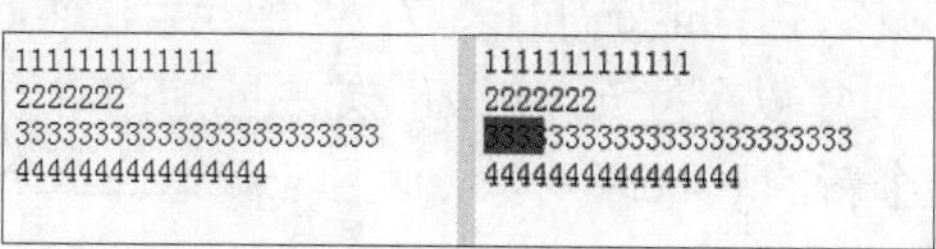

图 7.12 选择符

7.7 共享插件

在开发完成一个插件之后，接下来应该考虑发布它，以便为其他人提供便利，当然，也可能得到别人的改进。可以在官方的 jQuery 插件库（http://plugins.jquery.com/）发布插件：先登录（如有必须要先注册），然后为插件添加描述，再上传代码的.zip 文档。但是，在共享之前，还应该确保自己的插件已经没有什么错误，而且经过了适当地处理，最后才能发布。

为了保证编写出的插件能够与其他代码和平共处，需要遵循一些规则。其中一些规则在前面已经介绍过了，但是为了便于参考，下面就再总结一下。

7.7.1 命名约定

所有插件文件都应该命名为 jQuery.myPlugin.js，其中 myPlugin 是插件的名称。在这个文件中，所有全局函数都应该组合到一个名为 jQuery.myPlugin 的对象中。除非插件中只有一个函数，在这种情况下，这个函数可能是 jQuery.myPlugin()。

对象方法的命名可以更灵活一些，但应该尽可能保持唯一性。如果只定义了一个方法，那么该方法应该叫作 jQuery.fn.myPlugin()。如果定义了多个方法，可以在方法名前面添加插件名作为前缀，以保持清晰。不要使用太短的、含糊的方法名，例如.load()或.get()，这

样可能会导致与其他插件中定义的方法混淆。

7.7.2 别名$的使用

jQuery 插件不能假设$有效。相反，每次都应该使用完整的 jQuery 名称。

在较长的插件中，许多开发者都觉得不使用$简写方式会使代码不易阅读。为解决这个问题，可以通过定义并执行函数的方式，在插件的作用域内定义局部的简写方式。定义并立即执行函数的语法如下所示。

```
(function($){
    //函数代码
})（jQuery）
```

这个包装函数接受一个函数，在此，这个参数传递的是全局 jQuery 对象。由于参数被命名为$，因此在这个函数的内部可以使用$别名而不会导致冲突。

7.7.3 方法接口

所有 jQuery 方法都是在一个 jQuery 对象的环境中调用的，因此 this 引用的可能是一个包装了一个或多个 DOM 元素的对象。无论实际匹配的元素有多少，所有方法都必须以适当的方式运行。一般来说，方法应该调用 this.each()来迭代匹配元素，然后依次操作每个元素。

方法应该返回 jQuery 对象以保持连缀能力。如果匹配的对象集合被修改，那么应该通过调用.pushStack()创建一个新的 jQuery 对象，而且应该返回这个新对象。如果返回的值不是 jQuery 对象，必须明确加以说明。

如果方法接受一些配置选项，最好使用映射作为参数，这样每个选项都会有一个标签，而且用户也无需按顺序传递参数。应该以映射定义默认值，且默认值可以在必要时被覆盖。

方法定义必须以分号结尾，以便代码压缩程序能够正确地解析相应的文件。

7.7.4 文档格式

文件中内置的文档应该以 ScriptDoc 格式在前面添加每个函数或方法的定义。有关 ScriptDoc 格式说明，此处不再赘述。

技 能 训 练

实战案例 1：求数组中的和

需求描述

根据提供的数字求出所有数字的和，要求如下。

（1）创建一个插件，用 each()的方法遍历数组中的值。

（2）求出数组里所有数值的总和，如图 7.13 所示。

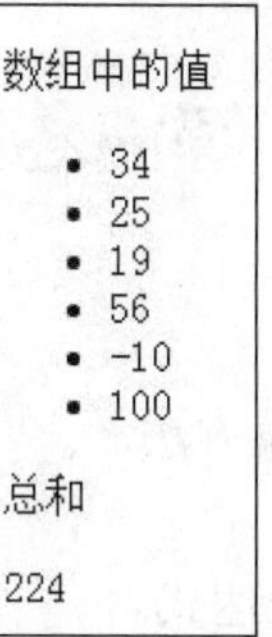

图 7.13 求数组中的值

实战案例 2：编写插件并操作 DOM

需求描述

（1）编写一个操作 DOM 的插件。

（2）点击按钮以后，背景颜色改变，如图 7.14 所示。

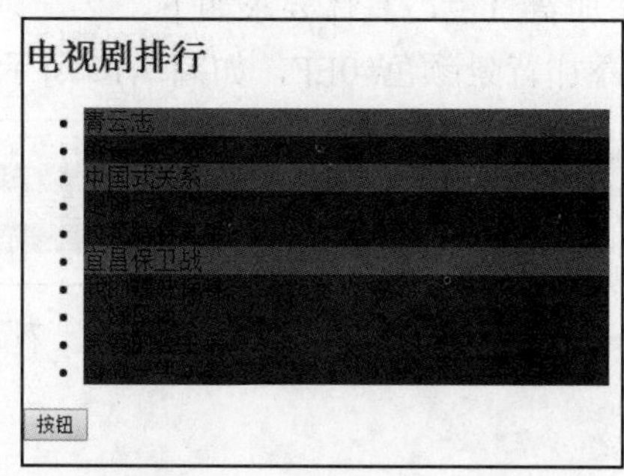

图 7.14 操作 DOM 对象

实战案例 3：文字显示或隐藏

需求描述

单击按钮的时候，文字显示或隐藏，如图 7.15 所示。

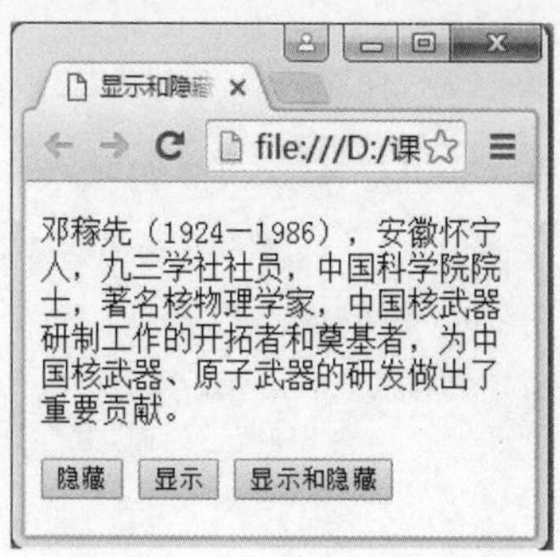

图 7.15 文字显示或隐藏

本 章 总 结

Note

- 利用 jQuery 库的全局函数。
- 操作 DOM 元素的 jQuery 对象方法。
- 定义扩展方法。
- 查找 DOM 元素的新选择符表达式。

本 章 作 业

1．写出插件，给文本添加阴影。具体要求如下。

使用 sliceOffset()函数计算，使投影叠加起来（向左下方）延伸，如图 7.16 所示。

2．编写插件，给文本添加背景色，具体要求如下。

给宽度小于 200 的元素添加背景颜色#0EF，如图 7.17 所示。

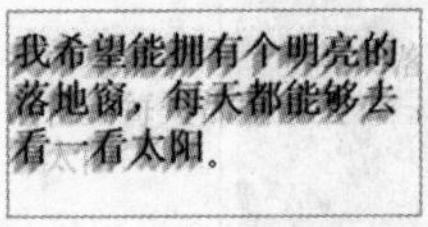

我希望能拥有个明亮的落地窗，每天都能够去看一看太阳。

图 7.16　文本添加阴影

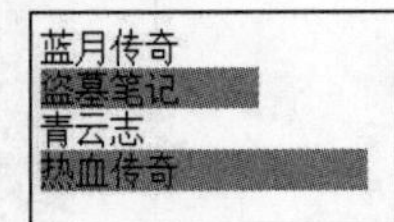

图 7.17　为文本添加背景色

第8章 项目案例：易镁科技

本章简介

前面已经学习了使用流行的DIV+CSS技术实现页面布局，并利用常用的CSS样式美化页面，也学习了JavaScript的语法、流行框架jQuery的用法。本章将完成一个公司——易镁科技的企业站。

本章任务

- 制作首页
- 制作产品与方案页
- 制作产品详情页
- 制作新用户注册页面
- 制作用户登录页面

本章目标

- 使用jQuery制作页面特效
- 使用jQuery验证表单
- DOM遍历方法

8.1 案例分析

本项目案例要求在静态页面的基础上添加各种JavaScript代码及部分CSS样式，编写

JavaScript 和 CSS 的交互功能，实现网页上的各种特效。通过实现易镁科技的网页效果使读者掌握使用 JavaScript 和 jQuery 编写代码的方法，实现常见的客户端网页特效、DOM 编程和表单验证技术。

Note

8.1.1 需求概述

易镁科技是一个公司的企业网站，里边有自己公司的产品与方案，还有网上订货平台。按要求实现易镁科技的首页（如图 8.1 所示）、产品与方案（如图 8.2 所示）、产品的详情页（如图 8.3 所示）、新用户注册页（如图 8.4 所示）和用户登录页（如图 8.5 所示）。

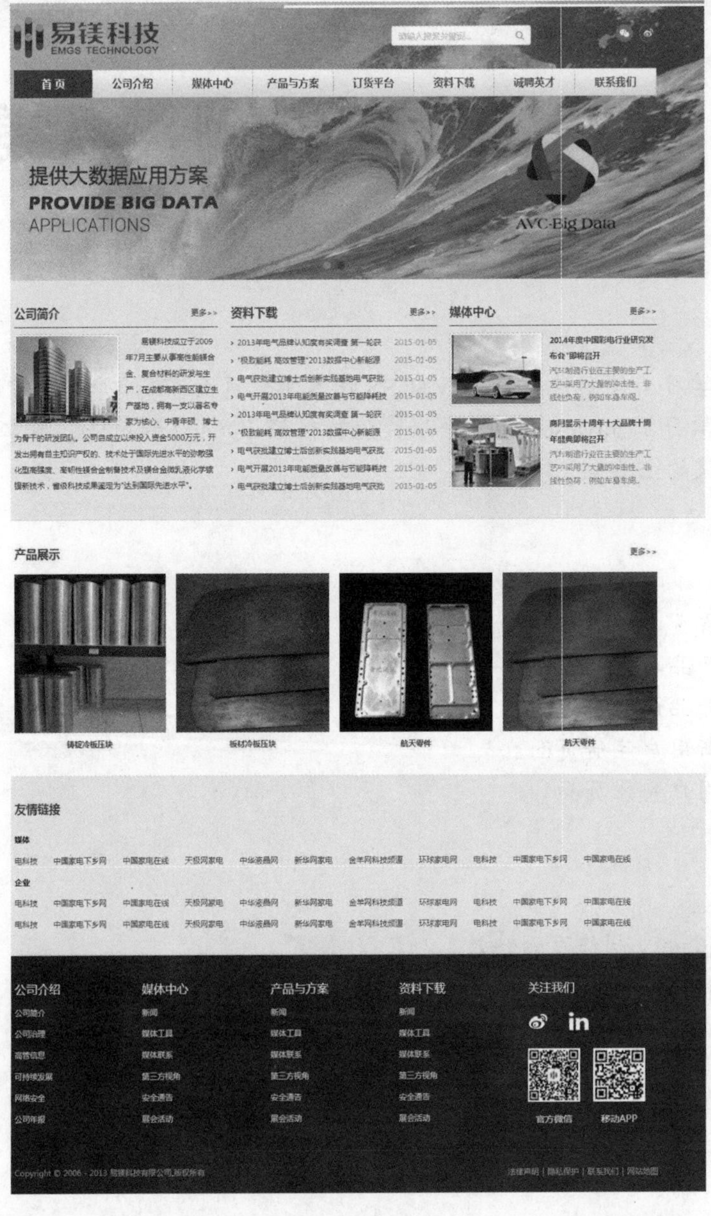

图 8.1　首页

易镁科技
EMGS TECHNOLOGY
首页
公司介绍
媒体中心
产品与方案
订货平台
资料下载
诚聘英才
联系我们
中国权威咨询力量
AUTHORITATIVE CONSULTING OF CHINA
产品与方案
AZ31B镁合金 镁合金板材 镁板 镁合金板 镁合金价格 优质镁合金
¥125.00
立即订购
加入进货单
联系我们
公司地址
联系电话
电子邮箱
详细信息
订购说明
买家还在看
¥3880.00
¥3880.00
¥3880.00
友情链接
公司介绍
媒体中心
产品与方案
资料下载
关注我们
官方微信
移动APP

图 8.2　产品与方案

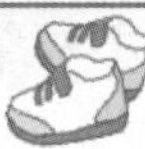

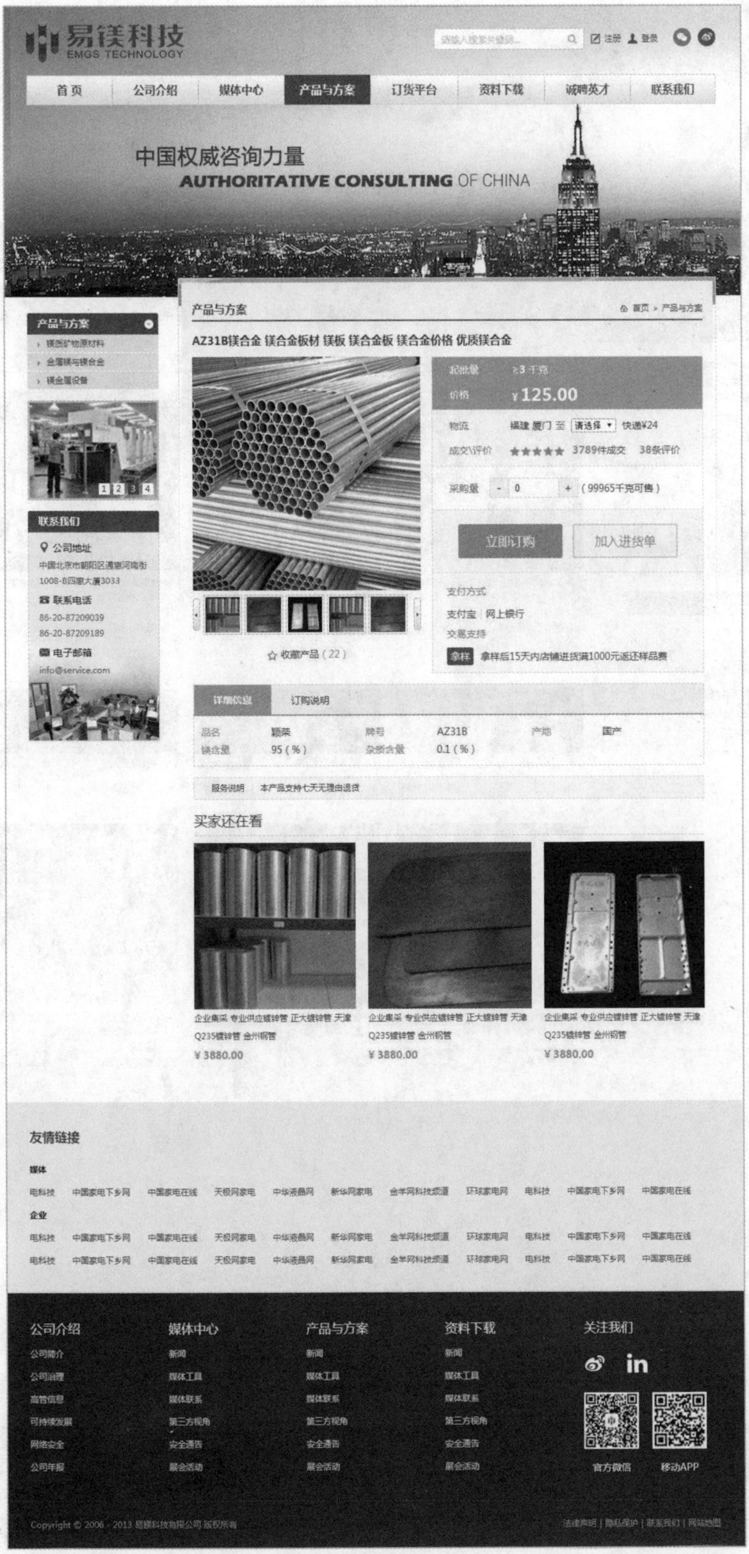

Note

图 8.3　产品的详情页

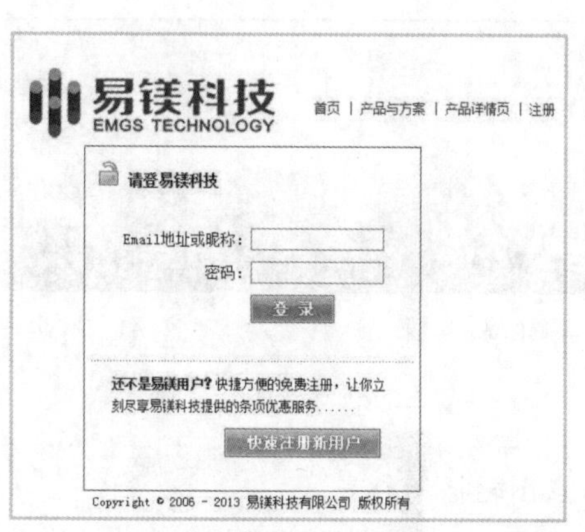

图 8.4　用户注册页

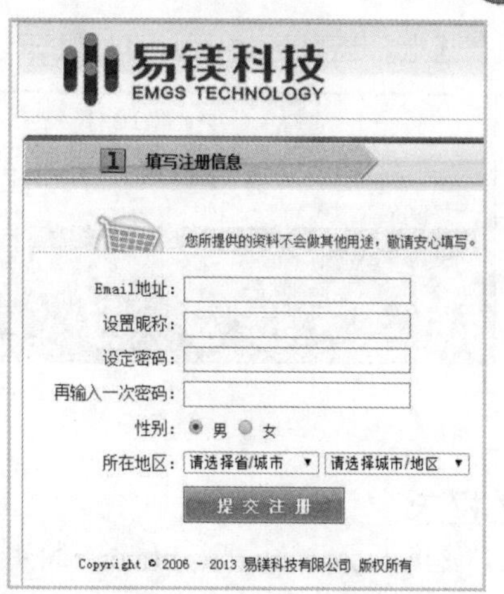

图 8.5　用户登录页

8.1.2　开发环境

开发工具：WebStorm、sublime、Dreamweaver。

测试工具：Chrome、Firefox、IE8 等主流浏览器。

8.1.3　案例覆盖的技能点

（1）使用 jQuery 选择器访问节点。

（2）使用 jQuery 获取页面中的样式属性。

（3）使用 jQuery 动态地改变页面元素的样式。

（4）使用 jQuery 动态获取或改变页面的内容。

（5）使用 blur()和 focus()事件方法改变文本框失去焦点和获得焦点时的样式，即时在层中显示提示内容。

（6）使用正则表达式验证表单内容。

（7）使用 alert()方法弹出提示信息。

（8）使用定时函数 setTimeout()方法或 setInterval()方法实现轮播广告和循环滚动效果。

8.2　项目需求

在易镁科技上可以查看公司详情、公司的产品与购买等功能，需要使用 jQuery 实现五个特效。

8.2.1　案例 1：网页特效（首页）

首页的主要内容是整个网站功能的一个集合，有简介、资料下载、媒体中心以及产品的展示。首页应实现如下功能。

网站的导航需要在一个大的 banner 图上，而这个 banner 需要一个焦点图轮播，上边有两个圆点，当鼠标放上去的时候，划过哪个就切换到哪张图片，如图 8.6 所示。

Note

图 8.6　焦点图轮播

提示

使用 mouseenter()、hover()事件方法来焦点图轮播的效果。

8.2.2　案例 2：网页特效（产品与方案）

产品与方案的页面主要显示公司产品的简介。产品与方案的页面应实现以下功能。

网页上有一个折叠菜单的效果，鼠标单击选择其中某一个选项，这个选项就会显示，它的兄弟选项就会隐藏，如图 8.7 所示。

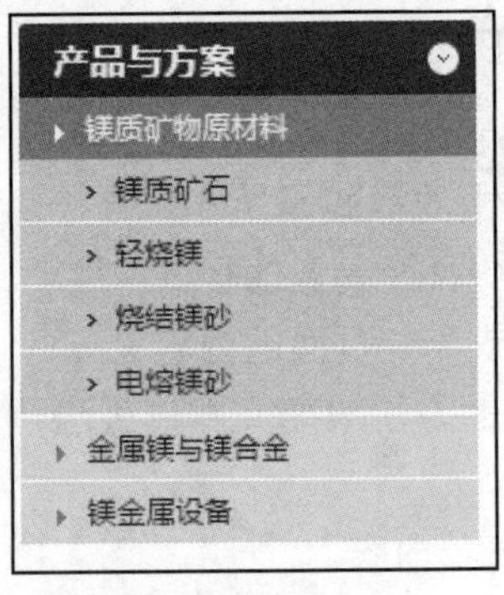

图 8.7　折叠菜单

提示

使用 slideDown( )方法、slideUp( )方法实现高度变化，动态显示和隐藏层。

8.2.3　案例 3：网页特效（产品详情页）

Tab 切换特效。使最新上架内容实现 Tab 切换特效，当鼠标指针移到某一类别上时，下方显示对应的内容，并且详情信息、订购说明的文字颜色和背景将发生变化，如图 8.8 所示。例如，当鼠标指针放在详情信息上时，订购说明的文字颜色和背景将改变，并且下方显示相应的文字与图片。

图 8.8 Tab 切换

8.2.4 案例 4：用户注册（新用户注册页面）

用户注册页面需要验证用户输入内容的有效性，主要功能如下。

（1）使用正则表达式验证 Email 地址、昵称、密码的有效性。

（2）Email 的格式要正确，如 master@aptech.com 或 master@aptech.com.cn。

（3）昵称必须使用大小写英文字母、数字，长度为 4～20 个字符。

（4）密码必须使用大小写英文字母、数字，长度为 6～20 个字符。

（5）对于用户输入的各项数据，输入后要及时给出提示。例如，Email 输入正确则显示正确的图标，昵称没有输入内容则提示为必填项，密码输入不正确则提示格式错误，两次输入密码不一致也要进行提示，如图 8.9 所示。

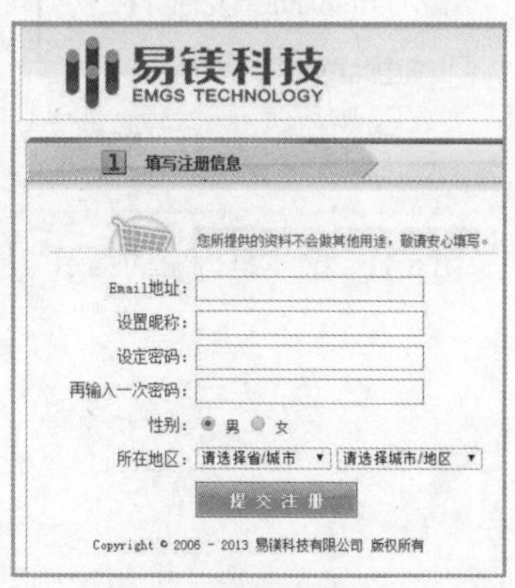

图 8.9 验证表单内容

当鼠标指针停在文本框中时，文本框的背景颜色变为浅绿色，并在文本框后面提示输入的正确格式；当鼠标指针离开文本框时，验证文本框的内容，如果不符合要求，则文本框的背景颜色变为浅褐色并显示错误信息，如果文本框的内容符合要求，则文本框的背景变为白色，并且在文本框后面显示正确的图标，如图 8.10 所示。

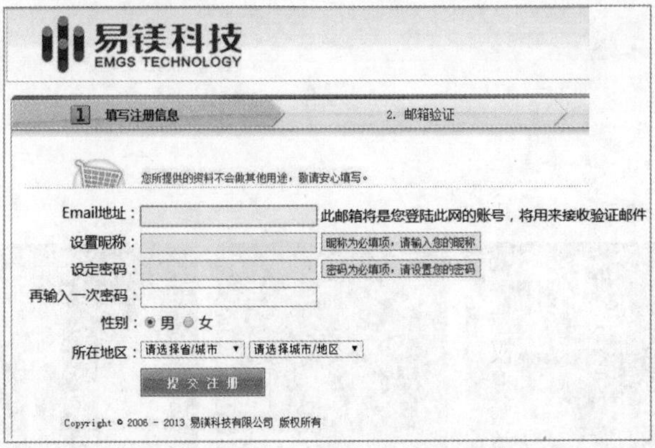

Note

图 8.10　文本输入提示特效

“所在地区”使用两个下拉列表框进行选择，并且这两个下拉列表框实现了级联效果。

提示

创建数组保存地区的两级数据。例如，cityList['江西省'] = ['江西省','南昌市'];。

构造<option/>循环添加到“省/城市”<select/>中。对“省/城市”<select/>对象绑定 change() 事件方法，构造<option/>对象循环添加到“城市/地区”<select/>对象中。

8.2.5　案例 5：用户登录（用户登录页面）

在用户登录页面要验证用户在登录之前是否输入内容，主要验证文本框是否为空，如果为空，则弹出提示对话框，如图 8.11 所示。

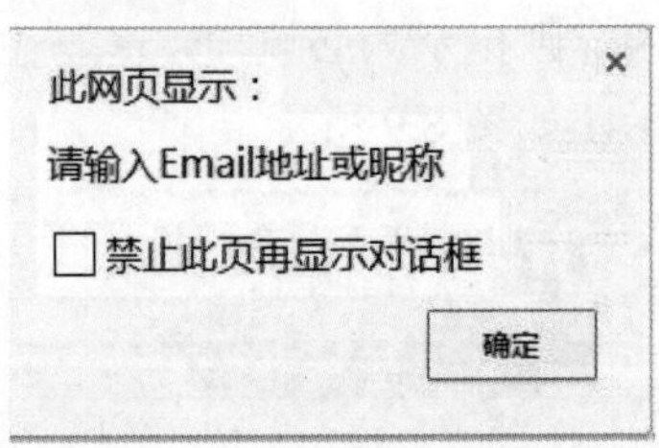

图 8.11　文本框为空的提示

版 权 声 明

为了促进职业教育发展、知识传播和学习优秀作品，本书中选用了一些知名网站、企业的相关内容，包括网站内容、企业 Logo、宣传图片、网站设计等。为了尊重这些内容所有者的权利，特此声明：

1. 凡在本资料中涉及的版权、著作权、商标权等权益，均属于原作品版权人、著作权人、商标权人所有。

2. 为了维护原作品相关权益人的权利，现对本书中选用的资料出处给予说明（排名不分先后）。

序　　号	选用网站、作品、Logo	版 权 归 属
1	jQuery 官网	jQuery 官网
2	一号店	上海益实多电子商务有限公司
3	淘宝网	阿里巴巴（中国）网络技术有限公司
4	聚美优品	北京创锐文化传媒有限公司
5	携程网	携程国际有限公司
6	易镁科技	易镁电子商务有限公司

由于篇幅有限，以上列表中无法全部列出所选资料的出处，请见谅。在此，衷心感谢所有原作品的相关版权权益人及所属公司对职业教育的大力支持！